美国心理学会情绪管理自助读物

成长中的心灵需要关怀 · 属于孩子的心理自助读物

我能管好自己的情绪

帮助青少年调节负面情绪

[美] 特里西娅 · 曼根（Tricia Mangan） 著

刘洁含 译

How to Feel Good

20 Things Teens Can Do

化学工业出版社

· 北 京 ·

How to Feel Good: 20 Things Teens Can Do, by Tricia Mangan.

ISBN 978-1-4338-1040-4

图书在版编目（CIP）数据

我能管好自己的情绪：帮助青少年调节负面情绪 /（美）特里西娅·曼根（Tricia Mangan）著；刘洁含译．—北京：化学工业出版社，2024．3

（美国心理学会情绪管理自助读物）

书名原文：How to Feel Good: 20 Things Teens Can Do

ISBN 978-7-122-42451-8

I. 我… II. ①特… ②刘… III. ①情绪－自我控制－青少年读物 IV. ①B842.6-49

中国国家版本馆CIP数据核字（2023）第134676号

责任编辑：郝付云　肖志明　　　　装帧设计：大千妙象

责任校对：边　涛

出版发行：化学工业出版社（北京市东城区青年湖南街13号　邮政编码100011）

印　　装：中煤（北京）印务有限公司

710mm×1000 mm　1/16　印张7 1/2　字数70千字　2024年4月北京第1版第1次印刷

购书咨询：010-64518888　　售后服务：010-64518899

网　　址：http://www.cip.com.cn

凡购买本书，如有缺损质量问题，本社销售中心负责调换。

定　　价：39.80元

目　录

致亲爱的读者

我们每个人都希望感觉良好，对吧？但是“感觉良好”到底是什么意思？你如何知道自己什么时候感觉良好呢？现在感受一下，你有什么感觉。你感觉平静、烦躁，还是悲伤？或许你也不太清楚自己的感觉。不管怎样，为什么感觉良好如此重要？如果你感觉不好，这种不好的感觉会如何影响你？如果你不知道如何回答这些问题，相信我，并不是只有你一个人是这样子。我们都希望感觉良好，但如何做——特别是处于困境中时——却令人困惑。

《我能管好自己的情绪》可以帮助你理解关于感觉良好的很多事情。当你遇到问题时，这本书会教会你保持平静和自信的技巧，会告诉你如何让自己感觉良好。这本书还会给你提供许多技巧，帮助你管理消极情绪。你不需要一次把它们都学完。你可以按顺序阅读每一章，也可以跳着阅读，一次读一章的内容，重点关注目前你认为最有用的技巧。

在这本书里，你会找到克服沮丧和培养耐心的方法，从而实现目标。你会了解到，你的心理和身体其实是协调工作的——一方经历的事情，另一方也可以感受到。所以，想要感觉良好，很重要的一点是你要接纳整个自己，接纳你的全部身心。有时候，你也会发现把注意力从自己身上转移到他人身上会让你感觉良好。站在别人的角度看问题可以帮助你培养共情，更容易原谅别人。

此外，你还会发现你的想法会影响你的感觉。很多时候，我们意识不到我们在想什么。我们内心的声音常常窃窃私语，对于传递信息来说音量可能刚刚好，但除非我们特别关注它们，否则我们听不清。如果听不清这些声音，我们可能会一直想着那些负面的事情，无法感觉良好。这本书会教你调整自己内心的声音，用更积极的想法替代消极想法。

事实上，你拥有非常特别的超能力。尽管你无法控制发生在自己身上的事情，或其他人说的话和做的事，但是当面临困难时，你可以控制自己要做的事。学会用健康的方法去应对困难可以让你对自己和世界都感觉良好。如果你掌握了书里提到的方法，你更有可能实现目标，对他人的感受和需求更加敏感，在社交场合更加自信，更容易从挫折中走出来。

你准备好探索自己的超能力了吗?

1 保持积极的心态

你知道吗？你的想法会改变你的感受和行为。

想象你是一名正在执行任务的宇航员，你的任务就是在探索宇宙时，你需要让自己保持健康、开心和坚强。宇航员通过执行指挥中心的指令得以安全完成任务。你的大脑就好像指挥中心，大脑传送的每一条消息都是在告诉身体应该如何工作。这意味着如果你任由无用的消息占领指挥中心，你就会偏离航线，在执行“让自己感觉良好”的任务时就会分心。

每个人都会有无用想法的时候。大脑里可能会有一个声音说“我做不到”，或者“我永远都不够好，所以尝试根本没有意义”。如果你任由这些声音一遍一遍地说，你可能就会开始相信它们是真的。接着，你的身体听到这些话，就会按照它们说的去做了。

但是你是有能力阻止这些情况发生的。你可以用对你有帮助的想法去替换那些无用想法，以此改变你的心态。假如大脑有时候会说："没有人在乎我。"你可以举几个例子反驳它，比如："这不是真的。我的老师就很关心我在学校的表现，她会在班上一对一地辅导我。今天早上妈妈给了我一个大大的拥抱——如果她不关心我，她不会这么做的。"

心态的重要性：事件+想法=结果（A+B=C）

生活中发生的事情并不会决定我们有这样或那样的感觉——我们对于这些事情的**想法**决定了我们的感觉。

有一个简单的公式能帮助你记住这个重点：事件+想法=结果（A+B=C）。

A代表激活事件（activating event）。激活事件就是一些你生活里发生的事情。这些事情可能包括去看医生、在很多人面前朗诵、转学或参加运动队的选拔等。

B代表信念、想法（beliefs）。信念具有个人属性。它们是你对自己、朋友、家人和周围世界的想法。想法促成了你对特定事件（A）的感受和行为（C）。

C代表结果（consequences）。这些结果往往以消极情绪的

我们在成长过程中都会有不同的经历，这些经历以不同的方式影响了我们的信念。

形式表现出来——例如焦虑、沮丧、愤怒或悲伤——又或者你采取的无益行为。它是你对事件（A）的想法（B）导致的直接结果。

记住，你的信念不一定要和别人的完全相同，这一点很重要。我们在成长过程中都会有不同的经历，这些经历以不同的方式影响了我们的信念。有时候，其他孩子可能觉得没什么大不了的事情会让我们心情糟糕，因为它们触发了与我们自己有关的不愉快的想法。例如，假设一位不太熟悉的同学邀请你参加他的生日聚会。受邀的其他同学对于这次聚会似乎都很开心和兴奋，但是，你却很担心、紧张。你心想："受到邀请我应该很开心，我可能出了什么问题。"你又想："我永远交不到朋友。每次我想说点什么，听起来都很傻。我不知道他为什么会邀请我。"

一个能让自己克服这些惯性消极想法的好办法就是用更现实、更积极的想法和它们对抗。比如，挑战一下这个想法："在我不认识的人旁边我不知道说什么。"我们可以告诉自己："其实，有时候我也可以跟不认识的人聊天，他们也会回应我。"

所以，我们在ABC的基础上，再加上两个步骤：

D代表反驳不合理的想法（disputing irrational beliefs）。想挑战那些自我挫败的想法，你就要问自己几个问题：

* 这个想法合情合理吗？或者说，它有意义吗？
* 我有证据证明这个想法是真的吗？证据是什么？
* 这种想法有用吗？它可以在某方面帮助我吗？

E代表改变想法带来的效应（effects of changing your beliefs）。积极思考是否让你的焦虑有所减轻？你是不是不再生气或沮丧了？

宇航员的ABC

当执行任务时，宇航员通常都会与指挥中心保持密切的联系。太空中的通信卫星帮助指挥中心的人员利用无线电与宇航员交流。有时候，恶劣的暴风雨天气会影响卫星，干扰通信。

想象这样一个事件（A）：我们的宇航员收到了指挥中心的一个乱码消息，他试着回应，但是他的消息传不出去。所有的通信线路都没有声音。几乎同时，他开始恐慌，非常焦虑。他心跳加速，开始有点发抖、头晕、恶心。他不由自主地想（B）：“我**必须**完成任务，可是如果没有指挥中心我根本完不成。如果我完不成，会让所有人失望。为什么倒霉事**总是**发生在我身上？”宇航员越这么想就越焦虑（C）。

宇航员应该如何用另一种方式应对这一状况，让自己感觉更好呢？用不同的想法（B）想象同样的事件（A）：宇航员收到了乱码的消息，接着所有通信中断了。他意识到自己正在焦虑，因为他感觉到手心出汗、心跳加速。很快他注意到了这些身体暗示，他深吸了一口气，慢慢呼出。他连着做了几次深呼吸，让心不再跳得那么快，放松下来。当他不断慢慢深呼吸时，他意识到他对于当下状况的惯性想法是消极的。他担心永远联系不上指挥中心，不相信自己能在没有指挥中心指导的情况下独立完成任务。所以，他开始用更积极的想法反驳它们。他想："为了成为一名宇航员，我已经训练了很多年，我已经做好了应对这种状况的准备。"他又想："我知道暴风雨会暂时干扰通信，所以我很肯定一旦暴风雨过去，通信就会恢复正常。"通过调整想法、控制呼吸之后，他手心的汗开始消退，他的心跳也慢了下来。只要他需要保持镇定，他就会不断地在脑海中重复积极的想法来安慰自己。

练习 ABC

先把你的想法和感觉联系起来，想象一个你对某一事件的想法让你感觉良好的场景，标记出这个场景的事件（A）、想法（B）、结果（C）。

例如：

事件（A）：随堂测验。

想法（B）：“我在课上认真听讲，做完了所有作业，所以即使有一些我不会的题，我也可以考好。”

结果（C）：感觉平静、放松和自信。

然后，弄清楚你遇到困难时的想法。找出最近让你体验到消极情绪（C）（例如悲伤、沮丧、愤怒或焦虑）的一件事（A），标出A和C，再弄清楚都是哪些无用想法让你感觉不舒服，给它们标上B。

赶跑无用想法

想一个你脑海里常常会有的无用或不受欢迎的想法，然后尽可能多地想出对你有益的想法来反驳它。例如，假设你总是想："我天赋不够，无法赢得任何东西。"一些可以反驳它的有益想法可能包括“努力学习，从过去吸取教训就是一个人的天赋——而不是赢”，或者“很多真正有天赋的人也不会总赢，没有人总赢”。

把对你有益的想法编成一首诗。你可以用听过的或自己编的曲调把它变成一首歌。每当那些无用想法出现时，你就可以唱这首歌。

2

把注意力集中在好事上

每天在你周围会发生很多事情，有好事（天气晴朗或者你有一门考试考得不错），也有不那么好的事（你从自行车上摔下来或者惹了麻烦）。

当有一两件事出错后，所有美好的事物好像都失去了光芒，这让你情绪低落、沮丧。你生命中的一切看起来都很糟糕，但这并不意味着没有好事发生，只是你不再关注它们了，就好像你把聚光灯从好事转移到坏事上，这叫做**选择性注意**。选择性注意就是你只关注某些特定的事情，而忽视其他事情。当我们只关注身边发生的不美好事情时，我们看待世界的视角也同样不美好。

当有一两件事出错后，所有美好的事物好像都失去了光芒。

相反，你应该试着把注意力放在你想要的世界上。如果可以，把聚光灯（你的注意力）从坏事上移走，去点亮你的世界。

要想真正转移注意力、改变你的关注点、让自己感觉良好，你需要确保积极的想法要比消极的想法多。要做到这一点，你可以试试一些方法，如**品味**。品味意味着花点时间去关注和欣赏某件事。你可以品味过去的回忆，期待你马上要去做的一件让你高兴的事。闭上眼睛，想想高兴的事。当你细细品味某件事时，这件事的回忆或想法会让你整个人感觉更好。

但是，享受当下发生的事情也同样重要。不要只关注大事——每天都有很多小事带给我们快乐，但我们却忽略了它们，因为我们总是忙着做或想其他事情。比如，你喜欢读书吗？下次你翻开书本时，花点时间关注一下书本身的精彩之处。感受一下书页——它们是光滑的还是旧旧的？打开书，闻一闻——是不是有一种特殊的味道？你打开书的时候，封面会出现裂纹吗？封面上的插图有什么吸引你的地方？

无论你多想把注意力放在积极的事情上，总有一些时刻，你无法忽视一个难题。尽管你很努力，但是与这个状况有关的无用想法还是会一直冒出来。应对这个难题的一个方法是**重构**。重构是找到一种新方法来重新考虑出现的状况，让它不要太过干扰你。

我们每个人都以一种特定的心态来看待一种状况。还记得第1章提到的A+B=C吗？我们对某一事件（A）的感觉（C）受我们的想法（B）影响。通常，无用想法会影响你看待事情的角度。你可以通过改变心态来改变看问题的角度——也就是说，改变你思考问题的方式。

想象你房间外的走廊上挂着一幅画，这幅画总让你感到害怕。最近，只要你一想到这幅画挂在门外，你就睡不着。你感到害怕和焦虑（C），你认为画里的动物会跑出来抓你。但是你决定挑战这种想法，你问自己："这个想法合理吗？画里的动物真的会跑出来抓我吗？"每天晚上，当这些无用想法冒出来时，你就提醒自己那些动物不会从画里跑出来。过了一段时间后，你就没那么担心了。白天，你靠近画仔细观察，你看得越久，害怕的感觉就越少，因为你发现画里的动物根本没有动，你是安全的。这幅画实际上没有任何变化，变化的是你的感觉。你不需要把这幅画丢掉或在走廊上绕开它走，只需要以另一种心态去看待它。

点亮你的世界

不要再给坏事表现的机会，把聚光灯放在好事身上。把你的选择性注意转向积极的事情，请至少说出3件今天发生在你身上的好事。

品味好事

第一步：找出那些让你感觉良好的事情，可以是过去发生的事，也可以是未来即将发生的事。想一些具有纪念意义的大事，比如生日或假期；还可以想一些日常生活中的小事，比如吃冰激凌或和宠物玩。

下面的一些建议或许可以帮到你：

* 交新朋友。
* 去一次动物园、博物馆或其他有趣的地方。
* 在学校做一些有意义的事情。
* 自己或和家人一起在家里做一些有意义的事情。
* 读完一本书。
* 闻闻花香。

第二步：闭上眼睛，想象美好事情的场景，让你的大脑回想这件事的每一个细节，试着只关注这一件事。如果其他想法冒出来了，例如一些让你心烦的事、担心的事或者你明天要做的事情，这很正常。当这些想法冒出来时，告诉自己没有关系，试着让它们走开，把注意力重新放在你正在回味的美好事情上。

第三步：试着每天花 5 分钟来品味一件事。

换个角度想问题

找出你很难用积极心态思考的事情，试着把阻碍看成一次令人兴奋的冒险，或把个人弱点看成一次锻炼自己技能的机会。某些词的出现意味着你需要重新调整你的心态，比如“从不”“总是”“肯定”“可怕”或“最差的”，不要那么绝对，用像“有时候”“没那么糟糕”这样的词来重新调整自己。有时候，事情别太往心里去，这对你有好处。通过思考别的原因来重新考虑问题，不要总是指责自己。下面的例子可以帮助你。

原来的心态：“我拼写考试永远考不好。”

调整后的心态：“拼写对我来说有点难，但我也有考好的时候。如果我不断地复习这些单词，我就能考得越来越好。”

原来的心态：“我马上要升入高年级了，可我要转学。我在新学校肯定交不到朋友，这太糟糕了。”

无论你多想把注意力放在积极的事情上，总有一些时刻，你无法忽视一个难题。

调整后的心态："实际上，去一所新学校可能也没那么糟糕。新学校有运动队和课后活动，而我现在的学校都没有，这些活动肯定会很有趣。我很快就会交到朋友的。"

原来的心态："苏珊在吃午餐的时候没有和我打招呼，她肯定讨厌我。"

调整后的心态："苏珊今天可能过得不顺心，没心情聊天，她没打招呼或许和我没有关系。"

3

不和任何人比较——你是独一无二的

你是否有过这样的经历：你画了一幅画，觉得自己画得非常好，直到你看到了别人的画，觉得他们画得更好；在足球比赛中，你进了一个球，觉得非常兴奋……直到你的朋友进了两个球。

当你和别人比较时，你会觉得自己还不够好。你可能永远不是班上最高的或者朋友最多的，也不是最有趣或者最聪明的学生。你会觉得别人在每件事上都比你做得出色。那些总和别人比较的孩子很少会认可自己。这是因为当你看别人时，你总是把注意力放在他们比你优秀的地方。当我们不确定自己做得好不好时，我们会环顾四周，寻找做得“更好”的人作为范例。毫无疑问，这种方法会让你对自己感到失望。

你不需要比所有人都强，世界上再没有跟你一样的人。你的一切都是特别的、独一无二的。

你不需要比所有人都强，世界上再没有跟你一样的人。你的一切都是特别的、独一无二的。没有人像你这样画画、骑自行车或者写字。没有你，这个世界将会不同，因为做自己让你跟其他人都不一样。

你不需要比所有人都优秀，也不需要通过赢来证明你足够优秀。很多非常努力的天才也不是每一次都能赢。无论做什么，尽自己最大努力做到最好，专注于享受每一刻，而不是去赢或做最好的那个，这会帮你获得自信和安全感。

每个人都会有最耀眼的时刻，也包括你。但是无论输赢，你都是独一无二的，这就很好。

学会欣赏自己和他人

想一个你表现很好的时刻，那感觉怎么样？你的朋友为你高兴吗？他们是不是也希望你在他们表现好的时候为他们高兴？想一个你朋友表现很好的时刻，你对他们说了什么。如果你什么都没说，你想想可以对他们说什么。

说说你的闪光点

说出3个你与众不同的特点。解释一下它们是如何让你显得不同的。举个例子，也许你的特别之处在于你很有趣，是个很会讲笑话的人，你能让别人开怀大笑，这就是你的与众不同。

即使失败也要闪闪发光

想一个你崇拜的人，例如，一个著名的运动员、歌手或者演员，描述一次他失败的经历。或许是这位歌手提名了格莱美奖，但最终却输给了另一位歌手。他输了是否意味着他不够好？描述一下是什么让他即使失败了，也依然闪闪发光。

4 发现你的天赋

你是独一无二的，你也可以发掘自己的天赋。你可以让世界变得更好。也许你长大后可以创作出鼓舞人心的艺术作品；也许你会成为一名医生，帮助病人恢复健康；也许你有能力让别人开心或保护别人，或者开一家生产鞋子或衣服等必需品的公司。

做自己喜欢的事情时，你的感觉是最棒的。如果想知道这些事是什么，你必须时刻关注自己。你擅长什么？你最喜欢什么活动？什么能让你可以完全沉浸其中，忘记时间？当你做这些事时，你有什么特殊技巧？一旦你发现自己擅长的事情，你可以找一找使用同样技能的其他活动。例如，或许你很擅长阅读，大部分的空闲时间都用来啃新书，这可能意味着你的语言能力很强。有了很强的语言能力，你就能成为一名老师、律师、作家、电影编剧或出版公司的编辑。你可以通过学习外语或手语来扩展自己的兴趣。如果你对书中的戏剧化情节比对语言本身更感兴趣，你将来可以尝试去剧院或演艺界工作。再举一个例子，假如你喜欢玩拼图，这意味着你有很强的手眼协调能力和解决问题的能力，也很擅长识别和匹配颜色与图形。有了这些能力，你可能会喜欢和擅长平面设计、建筑或室内设计的工作，也有可能喜欢制作模型玩具，比如汽车、飞机、房屋，或者雕塑艺术品。

你可能现在还有自己不知道的其他天赋，因此尝试新事物很重要。即使你不喜欢你尝试的事情，你也能通过尝试新事物了解自己。你觉得做一名糕点师很棒，但烤了几次饼干之后，也许你就会发现自己并没有那么喜欢做糕点师了。这完全可以的。通过尝试烘焙，你向自己证明了你可以尝试新事物，也从中学到了很多，如果不去尝试，你可能永远都不知道你并不喜欢烘焙。

别让自我怀疑战胜积极尝试

“我什么事都做不对”，“我什么都不擅长”，你有没有说过这样的话，或这样想过？如果曾经有过一些消极的经历，或者对自己期望太高，你可能会害怕尝试新事物。你觉得你必须在每件事情上都做到最好吗？你能接受不完美的事情吗？

如果你告诉自己，即使第一次尝试，也**必须**把每件事都做到最好，这只会让你对自己失望。没有人能一次就做到最好，也没有人能每次都做到最好。一次错误不代表你失败了——犯错是人生常态，每个人都有犯错的时候。与其把错误看成失败，不如**重新定义**它们。实际上，错误只是给你指出更好做事方法的经验教训，如果没有错误，你永远不会变得更好。所以犯错其实是一件好事，它们能帮助你磨炼特殊技能。当你尝试新事物时，下面有一些小窍门可以帮助你。

设置合理的期望。相信自己，期待自己在探索新事物的过程中获得乐趣。不要设定一个完美的标准，让自己在不被评估表现的前提下进行尝试。不要给自己的表现贴上"好"或"不好"的标签，不要和别人比较，也不要担心你是不是做到了"最好"。你只需要专注于学习新事物的乐趣，同时提醒自己，你的能力会随着时间的推移而提升。

设定合理的目标。假设你想尝试写诗，你定了个目标——每天写一页诗，坚持一周。到第三天，你想不出来写什么了。你花了很多时间去想，还是没有写出来。因为没有完成目标，你备受

做自己喜欢的事情时，你的感觉是最棒的。如果想知道这些事是什么，你必须时刻关注自己。

打击，认为自己很失败。你很沮丧，你决定不再写诗。与其设定这么大的目标，不如从小目标开始。坚持每天写一节诗，或每周写一首诗，如果你写得比这个多，你就能超前完成目标了。通过设定合理的目标，你更可能成功，也不会那么沮丧。

挑战你的无用想法（B）。还记得第1章提到的事件（A）+想法（B）=结果（C）吗？如果你在尝试新事物的过程中得到了消极的结果（C），如沮丧或焦虑，找出那些阻止你发现或发展你技能的消极想法（B），试着用你擅长很多事情的证据来挑战这些无用想法，修正它们。

给它一个机会。当然，你不会喜欢你尝试的所有事情，但如果你在充分体验之前就放弃了某件事，你可能会错过很多机会。比如，你在上了几节比较有挑战性的小号课后，你就想放弃吹小号了。可是后来你又想演奏爵士乐，你会喜欢吹小号吗？还有其他你喜欢的乐器吗？给它一个机会，也给你自己一个机会。

不要给自己的表现贴上“好”或“不好”的标签，不要和别人比较，也不要担心你是不是做到了“最好”。

关注自己

花点时间关注自己喜欢做什么，把你喜欢的或擅长做的事情写下来，列一张清单。你在做这些事情时运用了什么技能，想一些你可以用到这些技能的相关活动。

发现你的天赋

你可以向在科学、数学、工程和文艺等领域工作，或在这些领域有特殊技能的成年人寻求帮助。与家长或老师一起确定那些可以到学校或社区来教你相关专业知识的专业人士，你还可以询问是否能和他们一起工作几个小时。

发现你的优点

有时候，我们发现不了自己的优点，但其他人可以。问问你的父母、朋友、老师或者其他家庭成员，他们觉得你最大的优点是什么。

克服自我怀疑

有没有一件事你想尝试，但是最后没有采取行动，只是因为你觉得自己做不好。把这件事和与之相关的无用想法一起写下来，比如，“我不擅长做任何事情”，或者“我总是把事情搞砸”，然后挑战这些无用想法。你也可以试着问问自己：“如果我尝试新事物，最坏的结果是什么？结果真的会那么糟糕吗？”

5

和情绪做朋友

情绪其实很可怜，它们很难交到朋友。当人们不知道情绪是什么或者怎么面对它们时，会把它们塞到床底下。这其实对情绪很不公平，因为它们只是想告诉你一些事情。你的情绪也会像好朋友一样关心你，它们试图让你知道发生了什么事，这样你就能以某种特定的方式去应对。如果你花点时间关注情绪，你就更能理解发生了的事情。

为什么有时候我们不敢和自己的情绪面对面呢？这其实很好理解，因为它们可能让我们很困惑。一些情绪，如沮丧和愤怒，担忧和恐惧看起来很像，它们给你的感觉也很像，我们可能无法区分它们。有时候，情绪传递给我们的信息并不清楚。我们可能知道自己有点心烦，或者只是“感觉不舒服”，但是我们说不清楚自己正在经历哪种情绪，比如是愤怒还是悲伤。

有时候，我们知道自己在生气或伤心，但是我们害怕因为发泄这些情绪而伤害到自己在乎的人。又或者，我们不知道该如何处理这些情绪，所以我们只能努力把它们埋在心底。想象一下，一个好朋友很担心你，总是试图提醒你一些事情，你很害怕他告诉你一些你无法承受的事，所以你选择关上门不让他进来。因为你的朋友太在乎你了，他不停地敲门，一直不走，希望你能听他的，你却紧紧抓着门把手，不让他进来。过了一会儿，你累得筋疲力尽。当你试图把某些看起来过于沉重的情绪藏在床底下的时候，类似的事情就会发生。隐藏情绪需要很多努力，会让你疲惫不堪。

但是，如果你选择和情绪做朋友，这样的事情就不会发生。这里有一些建议，可以帮助你和情绪成为好朋友。

认识它们的名字。如果你不知道它们的名字，就很难和它们交朋友，对吧？关于情绪，你需要学习很多名字，有恐惧、沮丧、嫉妒、内疚、担忧、悲伤，等等。你需要花点时间才能把它们都学会。如果你不能马上区分它们，也不需要着急。

识别情绪的一个好办法就是观察面部表情。打开一本有插图的书，看看主人公的脸。你觉得他们正在经历什么事情？你也可以画一画自己的脸，看看每种情绪是什么样子的。例如，一张生气的脸可能有皱着的眉毛和张大的嘴巴（好像在喊叫），而一张尴尬的脸可能有向下看的眼睛和红红的脸颊。

密切关注每种情绪的感觉。一旦你知道了它们的名字，进一步关注它们带给你的感觉，可以让你更加了解这些情绪。你还要注意在什么情况下它们会从床底下跑出来。举个例子，每次你做作业的时候，沮丧的情绪就会跑出来。当沮丧出现时，你有什么感觉？你是否感到很有压力？你的脸会变红吗？你的手心会出汗吗？你会心跳加速吗？你越早察觉到这些情绪的出现，就能越早采取行动让自己平静下来，让自己感觉更好。

记住这是正常的。每个人都会经历一些消极情绪——不是你一个人。沮丧、愤怒和悲伤是我们人类都会经历的情绪。有时候我们会想："我怎么了？我为什么这么做？"我们环顾四周，觉得其他人看起来都很开心和幸福。事实上，你并没有任何问题。那些看起来心情很好的人可能和你一样不太自在，他们只是不想表现出来。或者，他们已经知道怎么在不舒服的状况下让自己舒服一点。当你遇到困难时，很重要的一点是要时刻提醒自己，管理消极情绪是日常生活的一部分。

有时候，情绪传递给我们的信息并不清楚。

如果你不能把消极情绪赶跑，可以向你的父母寻求帮助，也可以向学校里能帮助你的成年人寻求帮助。

要知道情绪总是来来去去。当你有消极情绪时，你感觉它好像会一直持续下去。但是，很多时候，情绪总是来来去去。例如，你可能会因为成绩不好或和朋友吵架而不开心，但是过了一段时间后，你的痛苦和悲伤会减轻，你会慢慢感觉好一些。重点是当消极情绪确实从床底下爬出来时，你要学会如何应对它们。如果你能坚持一下，告诉自己这种情绪只是暂时的，并通过做这一章最后列出的练习来安慰自己，你就能做好度过困难时刻的准备。如果你不能把消极情绪赶跑，可以向你的父母寻求帮助，也可以向学校里能帮助你的成年人寻求帮助。

沟通是关键。学会向别人表达你的情绪能带给你力量。你身边的人可能不知道你什么时候不开心，但是如果你找到一个合适的方式告诉他们，把你的情绪表达出来，你就会感觉好一点。假如，你的朋友在几个同学面前嘲笑你，所有人都笑了。你因为这件事，好几天都在生朋友的气。当你在学校时，你一直为此很生气。当你放学回家后，你因为心情特别不好，和弟弟打了一架，还和妈妈顶嘴。你的家人对你的行为感到不满，你却觉得自己很孤独。家人不知道你为什么突然就变成这样了。如果你当时能鼓起勇气和他们聊一聊，就不用自己一个人应对这些消极情绪了。

谈谈自己的情绪从来就不是一件容易的事。你可能找不到合适的词来表达，或者担心听你倾诉的人不理解你，所以一开始最好能和你信任的人聊聊，比如你的父母、老师或辅导员，告诉他们发生了什么事，你有什么感受。他们会告诉你如何谈论自己的感受，如何让自己感觉更好。

寻找积极向上的榜样。观察别人如何在困境中管理自己的情绪，你也会学到很多东西。例如，你有没有见过，当课堂有点失控时，你的老师能够保持冷静，让课堂恢复秩序？你觉得她当时是什么感受？她是如何应对的？她说了什么、做了什么有效地处理了这种状况？你如何把这些方法应用到自己的生活当中？

开始了解情绪

下面是两个清单：一个是情绪列表，一个是我们生活中可能会遇到的事情。

* 针对每种情绪，请你想想自己经历过的事情，以及这件事情带给你的感受。
* 针对每件事情，请你想想当你经历时会感受到的情绪，请你选择一种/多种情绪。

情绪

尴尬 * 内疚
羞愧 * 焦虑
恐惧 * 厌恶
孤独 * 悲伤
悲痛 * 快乐
嫉妒 * 爱
恼火 * 愤怒
痛苦 * 沮丧
绝望 * 担忧
无助 * 无力
挫败 * 兴奋
高兴 * 信任
勇气 * 满足
平静 * 轻松
惊喜 * 疑惑
猜忌 * 希望
欢乐 * 自豪

事情

好朋友或家人去世
宠物死亡
和朋友发生争吵
和家人发生争吵
在学校惹了麻烦
被欺负
得了奖
交到一个新朋友
朋友对你说了难听的话，或说了你的坏话
父母离婚
取得好成绩
在足球比赛中进球
朋友对你说了一些好话，或说了你的好话

清理被你丢在床底下的情绪

每天都需要关注情绪，以免情绪堆积，让你感到有压力。

写日记。写日记是和情绪沟通的一种方法。在日记里，你可以把每天的情绪、感受和想法写下来。如果你不确定是什么事情让你感受到某种特定的情绪，这也没关系。你尽自己所能描述你的感受，之后再看看能否弄清楚是哪件事让你有这种感觉。

画画。有时我们很难用语言描述自己的感觉。除了写日记，你也可以把这一周令你沮丧的事情画出来。你可以把自己的画和日记分享给你爱的人，和他人一起寻找合适的词语来描述你的情绪和感受。看看画画和聊天能否帮助你理解这些情绪。

比你的情绪先行一步

控制好情绪的关键是密切关注它们。尽管你一开始可能不认识沮丧、焦虑或愤怒，但是你会注意到自己感觉不舒服。这就是你采取行动的信号。当它们第一次出现时，通过采取行动控制它

和他人一起寻找合适的词语来描述你的情绪和感受。

们，你可以防止这些情绪变得强烈，变得难以控制。首先，你需要认识到情绪如何影响你的身体。你背部和肩部的肌肉紧张吗？你的胃恶心吗？你的脸颊红吗？其次，你可以制订一个行动计划来应对消极情绪。有一些特定的计划可能不太适合，这取决于你在哪里。例如，如果你在班里，你不可能直接站起来离开教室，所以这时候就要想出一个备选计划。你可以参考下面的例子。正如这些例子所示，当你生气的时候，你可以暂停一下，让自己远离目前的场合，这样你就可以给自己一个冷静下来的机会。暂停的时候，你可以闭上眼睛，深呼吸，慢慢地吸气、呼气。你也可以想象一些能让你心情平静下来的东西，比如海滩或森林。又或者你可以回想一个让你感觉良好的回忆。如果你不能让自己远离目前的场合，你可以选择备选计划，也可以做深呼吸或进行想象，直到你平静下来。

情绪	需要注意的事	计划	备选计划
愤怒	胃痛和头痛，紧张不安，脸发热、发红	暂停一下，然后走开。在暂停期间，深呼吸，想象一些放松或积极的事。	闭上眼睛，或找一个注视点，把让你生气的东西屏蔽掉。深呼吸，想象一些放松的事，直到自己平静下来。

做好自我准备

让你更舒服地谈论情绪的一个方法是在消极情绪可能出现的情况下进行表演或角色扮演。想想你将要面对的让你焦虑或担忧的事情。比如，你预料到你会在学校遇见之前与你发生争吵的人，或者你必须得给全班同学做一个报告，你担心自己会尴尬或犯错。提前排练一下，把你要说的话打一个草稿，这样可以帮助你减少焦虑，做好处理困难状况和消极情绪的准备。你可以与父母、老师或辅导员一起，练习在这些场合下你能说些什么。尽可能多练习，直到你情绪平稳为止。

6

活在当下

慢慢地做几个深呼吸。此时此刻发生了什么？你听到了什么？你看到了什么？你的手指碰到了什么？你能闻到空气中的气味吗？

或许，只有开始思考这些问题时，你才会注意到这些事。因为我们会迷失在自己的世界里，所以很容易忽略当下发生的事情。我们有时候会花很多时间去想过去发生的事——比如我们犯的错误或别人对我们说的伤人话。有时候我们也会担忧未来——比如学校马上要举行的一场考试，或者下次再遇到不友善的同学时会发生什么。

与其浪费时间担心明天，不如集中精力完成今天的事情。

活在过去的一个问题是我们无法改变过去。它们已经发生了，我们不能回到过去换种方式重新来过。从过去的错误中吸取教训，争取下次做得更好，这没有错。过分沉溺于已经发生的事情并不能帮助我们把现在的事情做好。

就像你无法改变过去，你也不能控制未来。对于明天的考试，你想得再多也不会让你考得更好。实际上，这样可能会让你很紧张，你可能会考得更糟。与其浪费时间担心明天，不如集中精力完成今天的事情。全身心投入到当下，这种状态被称为“正念”。练习正念有益于身心健康。首先，它能缓解压力。只关注现在，你就不会去担心过去或未来发生的事情。这能让你平静下来。其次，它能缓解你的紧张，改善你的情绪，让你睡得更好；它还能缓解胃部不适，减少身体上的疼痛。正念可以给予你力量，让你感觉良好。

改变日常习惯

我们每个人都会有常规——就是我们每天基本上都会做的事。

比如，刷牙、系鞋带就是你的常规行为。我们经常做这些事，有时候会习以为常，会无意识地去做。我们可以通过改变日常行为的方式来练习正念。例如，如果你穿鞋通常先穿右脚，再穿左脚，下次可以试试先穿左脚，再穿右脚。如果你习惯先穿鞋再穿外套，下次可以试试先穿外套再穿鞋。这些变化可以唤醒你的意识，重新集中注意力，因为你还不习惯用这种新的方式做事。当你做一件事情时，用感官去感受你正在做的每一个细节：注意鞋带的布料——它是粗糙有质感的，还是柔软磨损的？当你弯腰系鞋带时，感受你肩上外套布料的重量。观察鞋底上的泥土，走路时听听鞋底在地板上发出的声音。

活在当下

练习活在当下。列出此时此刻你注意到的三件事。运用你的五感——视觉、听觉、味觉、触觉和嗅觉——来帮助你。你能看到一只蜘蛛在墙上爬行吗？你能听到鸟儿的叫声吗？你嘴里还有吃巧克力饼干留下的味道吗？你的手指摸起来是黏黏的，还是柔软干净的？你能闻到晚餐的香味吗？

时刻提醒自己

为了不让自己总想着过去或未来，你可以找一些能提醒自己回到当下的东西，这会很有帮助。例如，你可以戴一个手镯，或在书包上挂一个钥匙链。每当你看到这个手镯或钥匙链时，停下你正在做的事，用你的五感关注你周围发生的事情。慢慢地做几个深呼吸，帮助你回到当下。

冥想

冥想是静静地坐着，闭上眼睛，理顺思路。它是一个释放压力的工具，可以帮助你关注当下。在本书的第13章还会有冥想的具体介绍。

7

赶走恐惧

你有没有害怕过尝试新事物、认识新的人或去新的地方？或者你怕高、怕狗、怕虫子，不敢站在满满一屋子的人面前说话？

恐惧就像巨大的怪兽，让我们停滞不前。我们或许并不想面对怪兽，因为不相信自己能战胜它们。它们很奇怪，和我们之前遇到的所有东西都不一样，所以我们不知道能不能打败它们。如果我们输了，就会感到很难过，别人可能会取笑我们。

事实上，恐惧根本就不是怪兽。害怕尝试新事物很正常，这是因为大脑把这些事物想象得过于可怕。如果你勇敢地行动起来，赶走恐惧，而不是任由恐惧驱使你无法尝试新事物，你会发现恐

害怕尝试新事物很正常，这是因为大脑把这些事物想象得过于可怕。

惧自己就会消失不见。

此外，你很可能之前就已经打败过这些怪兽，只是你没有意识到。你有没有害怕去新学校，但你还是去了？又或者有一段时间，你害怕和不认识的小伙伴说话，但不管怎样，你还是跟他们聊了几句，最后还和他们成了朋友？这些都是你打败恐惧怪兽获得成功的事情。

如果你回避了上面提到的这些恐惧呢？如果你也回避了其他的恐惧呢？如果你因为太过害怕而放弃尝试新事物，你会错过很多有意义的事，永远不会去做那些你真正有能力做的事情。想一想，如果你本来可以成为一名老师，帮助成千上万的学生学习，但你太害怕了，不敢站在全班学生面前讲话，所以你从来没有尝试过，那会怎样？再想一想，如果你本来很擅长体育，或许有一天你能参加奥运会，但是你恐高，不敢站在平衡木上，那又会怎样？

战胜恐惧可以帮助你更多地了解自己，也可以带你认识很多有趣的新朋友和好玩的新地方，体验激动人心的新事物。你赶走的恐惧越多，就会变得越自信。直面恐惧可能会让你害怕，但不去面对它就意味着你会错失人生的重要体验，无法成为你能成为的人。

最坏的结果是什么？

说出你现在最害怕做，但又特别想做的事。现在问问自己："如果我试着做了，最坏的结果是什么？"这个结果真的有那么糟糕吗？

与恐惧对话

挑一个你害怕的事物，和它聊聊，提醒恐惧，你有能力，也有自信。如果你害怕雷声，下面的例子是你可以和它聊的一些话。你可以结合自己的恐惧举一些类似的例子。

要自信："雷声，你不过是一种噪声。你伤害不了我！""我已经面对了很多恐惧，我知道自己能处理好。""你没办法欺负我，我不会听你的。"

要有逻辑："雷声其实一点都不危险——这只是空气被闪电加热后快速移动的声音。"

设定切合实际的期望："每个人都有害怕的时候，这不是我一个人的问题。""我的恐惧只是暂时的，过会儿就好了。"

记住你是勇敢的

每一次的直面恐惧，都是在建立自信心。有时候，我们在直面恐惧之后会感到如释重负，以至于忘记停下来看看这是一个多么大的成就。请回忆一下，说出你害怕但还是勇敢去做了的事情，然后回答以下问题。

* 在你面对恐惧前，你有什么想法和感受？
* 是哪些想法和感受说服你即使很害怕，也要直面恐惧？
* 当你直面恐惧时，你有什么感觉？当你意识到事情进展顺利时，你想到了什么？
* 在面对恐惧后，你收获了哪些积极的结果？你有什么感觉？

就像你克服了之前提到的恐惧那样，你可以列个计划，克服你在“最坏的结果是什么”中提到的恐惧。

* 你对新恐惧的想法和感受与你之前经历的恐惧一样吗？
* 如果你曾经成功地克服了那些无用想法和不愉快的感觉，这不就意味着你能再做一次吗？
* 上一次，是什么想法让你采取行动去面对恐惧？试着把类似的想法运用到你当前的恐惧中，激励自己去面对它。

8

分解问题

你能一口吞下一整个大西瓜吗？应该不能。那如果你把西瓜切成小块，一口一口地吃呢？这就会容易很多，对不对？有时候你面对的问题或任务就像一整个大西瓜，如果你不假思索地把一个大西瓜都塞进嘴里，试图一次性解决问题，你会发现自己吃得太多了，都没办法咀嚼。这时候你可能会把问题“吐”出来，然后说：“我解决不了这么大的问题，我放弃。”

当遇到了像西瓜那么大的问题时，你可以试着对问题进行分解。把问题分解成一个个小步骤去处理，你就可以一次解决一个小问题，这会让你更容易成功。

让我们来举个例子。比如你要打扫房间，房间太乱了：衣服丢在地上；床也没铺好；衣柜堆满了衣服；梳妆台的抽屉关不上；床底下塞了太多的东西，你都不记得里面有什么了。这听起来就是一个像西瓜那么大的问题。让我们一起来把它分解为几个小步骤。

步骤 1：铺床。

步骤 2：把脏衣服捡起来，放进脏衣篮里。

步骤 3：把干净的衣服挂在衣柜里，或者叠好放进衣柜的抽屉里。

步骤 4：把床底下的所有东西都拿出来，不用的就扔掉，还用的就把它们收好。

步骤 5：把梳妆台抽屉里的东西摆放整齐，让东西都能放进去。

现在你要做的就是浏览一遍上面的步骤，每次完成一个步骤，直到五个步骤全部完成。每完成一步就检查一下，看看你完成了多少。房间很快会变得比你想象得还要干净。

切一切你自己的西瓜

请你想一个自己的问题或者学校的作业，它看起来很麻烦，你没办法一次性完成。想想你如何能把问题分解成一个个小步骤，你一次就能完成一个小步骤？

再切一切

如果你分解后的步骤还是太大呢？别担心——有两种办法：第一，你可以在完成这个步骤后休息一下；第二，你可以把它再分解成更小的步骤。让我们再来看看上面提到的打扫房间的步骤3：你可以选择挂（叠）15分钟衣服，休息10分钟，重复这种模式，直到你完成第三个步骤；你也可以把步骤3再分解成两步，步骤3（1）是“把应该挂起来的干净衣服都挂到衣柜里”，步骤3（2）是“把剩下的衣服叠好放进抽屉里”，在这两步之间你也可以休息一下。

现在请你试试，通过增加休息时间或把步骤分解成更小的步骤，你是否能更容易解决上一页里的问题。

把西瓜切成小份，放进冰箱

如果这次你吃不完一整个西瓜，想在两周之内吃完呢？提前计划很重要，否则你可能得在快到期时不得不吃完剩下的所有西瓜。你可以把一整个西瓜切成小份，把它们平均放到14个碗里。你可以先吃一碗西瓜，把剩下的13碗西瓜放进冰箱里。在接下来的13天里，你可以每天吃一碗西瓜，直到最后一天。每天吃一点，你就不会吃不完了。

下次你再有这样的大作业时，根据交作业的期限，把它分解成小作业，每天完成一份小作业，直到完成为止。

你可以对将来要做的大作业或大任务采取同样的策略。下次你再有这样的大作业时，根据交作业的期限，把它分解成小作业，每天完成一份小作业，直到完成为止。你可以做一个时间表，标出每天需要完成的小作业。当你完成当天的小作业后，在时间表上画一个“×”。

9

克服拖延症

想象你现在走在放学回家的路上，想着做数学作业要用20分钟，做英语作业要用15分钟。你很害怕写作业，一直在想你有多**不想**做作业。所以，当你回到家时，你会选择玩电子游戏，或者和朋友出去玩，尽可能推迟写作业的时间。你曾经有过这样的经历吗？把自己现在能做的事情推迟到以后去做，我们把这种行为叫做**拖延**。

虽然我们有很多不同的理由推迟做某些事情，但是我们的想法在拖延上扮演了重要的角色。你是否认为所有的事情都应该是相对容易和压力较小的？你是否认为“这个事情太不合心意了，我无法忍受这种不愉快的感觉”？这叫做**不适感不耐受**。不适感不耐受是指当你对完成一项任务感到一定程度的焦虑或沮丧时，你会对自己说：“我受不了了！”

你对自己的看法——你的**自尊**同样在拖延中起作用。如果你认为自己没有价值、不聪明、没有能力、没有值得骄傲的地方，你可能会推迟一些事情，因为你害怕失败。例如，你认为“我的作业成绩永远不会像其他同学的成绩那样好，我对数学和英语一窍不通”，你可能会害怕写作业。

你推迟写作业或其他事情的另一个原因是缺乏兴趣。如果数学和英语这两门课有时候让你昏昏欲睡，你可能会想：“我不想写这个作业，太无聊了！”所以，是做无聊的事，还是做有趣的事——像打游戏或和朋友出去玩——这两个选择之间，你选择了有趣！

把事情推迟到晚些时候再做也不一定都是坏事。实际上，有时候你可能有正当理由来推迟做一项作业。比如，你要写一篇关于濒危物种的报告，通过学校的馆际互借系统可以借阅一本好的参考书，但这本书大约一周才能送到，你的报告两周后才上交。虽然你可以看书柜里的几本旧杂志，但是你知道图书馆的书可以提供更多详细信息。在确认下周放学后有充足的时间写报告后，你决定推迟一下，等书到了再写报告。在这种情况下，你拖延不是因为害怕失败或害怕作业太难、受不了沮丧的感觉，而是因为你知道等一周后书到了你的报告会写得更好。

然而，在其他情况下，拖延可能会带来麻烦。你有没有因为拖得太久而总是晚交作业，或直接不交作业？你的成绩有没有因为拖延而下降？你有没有经常拖着不做家务，因为拖得太久没做完而受到惩罚？当你因为拖延没有完成任务时，你会不会产生一些无用想法（如“我什么事都做不对”或“我不够好”）和重压之下的情绪（如焦虑或抑郁），让你怀疑自己，不再尝试某些事？这些都是拖延的征兆。

学会坚持

在生活中学会坚持，重要的一点就是接受我们都要做一些困难、无聊或不愉快的事情。洗碗或打扫房间或许没那么令人愉快，但为了让我们的居住环境整洁干净，这些事是必须要做的，这对我们的终身健康很重要。家庭作业也可能是件苦差事，但从长远来看，它对我们有很重要的作用。家庭作业能帮助我们巩固新知识和学习新技能，还能教会我们重要的生活技能，如解决问题、批判性思维、管理时间和自律。记住任务的长远益处可以提醒你为什么忍受短期的不舒服很重要。没有耐心和毅力，你可能无法达到目标。

听起来可能很难相信，但做那些让你不愉快的事情可以帮你有效克服拖延症。这是因为你会从完成任务中获得强烈的成就感。你向自己证明了你能做到，这给了你自己信心，相信你下次还可以做到。

做那些让你不愉快的事情可以帮你有效克服拖延症。

那么你如何做到“只管去做”呢？要完成一件不愉快的任务，你可以试试下面这些做法。

挑战无用想法。对自己或任务本身的无用想法常常是拖延的根源。所以，为了改变你的行为，你要去挑战这些想法。你对不适感的忍耐程度是否很低？试着告诉自己：“我不喜欢做这个，但是我能做得了。”

你是不是没有耐心？你是不是总是希望所有事都相当容易，如果不容易你就会回避它们？提醒你自己“我也希望自己不用努力，但是我知道不努力我就不能很快得到我想要的”。（请一定要看看第14章，了解更多克服即时满足、练习耐心的技巧。）

如果内心的声音在向你传递消极想法——比如你不够聪明或你永远不可能像你的朋友那样优秀——试着通过对抗这些消极想法来提升自信。第1章可以帮助你认清自己的优势，学习如何培养更多关于自己的积极想法。

分解任务。学会把任务看作由若干小任务组成，而不是一个整体，这样任务更容易完成。例如，你可以把数学作业看成20道题的大任务，也可以把它看成4个小任务，每个小任务只包含5道题。哪个看起来更容易完成？先立一个小目标，一次完成5道题。休息一会儿，完成接下来的5道题。然后再做剩下的两个小任务，每个小任务5道题。你很快就完成作业了！

学会休息。不让自己过度沮丧、焦虑或紧张是很重要的，因为这些情绪让你很难保持冷静和专注。控制无用想法和困难情绪的一种方法是提前安排休息时间。如果你马上要做一件会让你产生沮丧情绪的事，可以计划工作5分钟，然后休息5分钟，再工作5分钟，休息5分钟，直到任务完成。如果你能注意到沮丧的早期迹象——头部、面部、颈部和肩膀的肌肉紧绷、胃疼、坐立不安、注意力无法集中——即使还没有到计划的休息时间，也要允许自己休息一小会儿。你可以根据需要随时调整计划，直到你能正确平衡工作和休息。

在休息期间你的目标是试着放松，让自己准备好回到接下来的任务中。休息时，可以练习深呼吸，试着放空大脑。重复一些积极的口号也很有用，比如："虽然我不喜欢做这个，但是我能做到。"

呼吸。控制呼吸可以帮助你控制焦虑和沮丧。有时候，当我们感觉紧张时，我们会屏住呼吸或呼吸很轻。当你做事时，你要调整自己的呼吸，可以慢慢地深呼吸。要做到这一点，你需要使用腹部呼吸。吸气时，胃向外扩张；呼气时，胃向内收缩。

你有过拖延问题吗？

你有没有因为拖延而带来负面结果的时候？负面结果包括惩罚、成绩差或作业没完成，又或者坏情绪（如对自己能力的担心、怀疑或不安全感）等。是什么让你拖延任务？是因为无聊吗？还是因为这个任务让你感到沮丧或焦虑？你可以和父母、老师或学校辅导员一起，找出你拖延的原因，把它们写在一张纸上。

克服拖延问题的步骤

首先，请在一张纸上写下你刚刚产生的一些无用想法，再写出挑战每个无用想法的积极想法。例如，如果你觉得自己无法完成任务，你可以写："我过去尝试做的事情几乎都能够完成，所以我相信这次也能够成功地完成任务。"

其次，你要决定是一次性完成所有任务，还是把任务分解成若干小任务，并在中途休息一下。如果是后者，你在每一个小任务中都要明确你的目标、你希望完成的事情，以及休息的时间。当结束休息回到任务中时，记得把沮丧和无用想法抛在脑后。

最后，当你做事的时候，试着把注意力只放在手头的事情上。当无用想法侵入大脑或者你感觉自己有点紧张时，试着深呼吸，让这个想法过去，然后重复一个积极的口号，把注意力重新放在手头的事情上。当你完成手头的事情时，记下你的感受。如果需要可以调整你的计划。

当无用想法侵入大脑或者你感觉自己有点紧张时，试着深呼吸，让这个想法过去，然后重复一个积极的口号，把注意力重新放在手头的事情上。

数到 3……去做吧！

对于困难的任务，如果你像第一次练习那样制订好计划、合理安排休息时间，你可能会发现这很有帮助。但对于那些你知道自己能做但是不喜欢做的事情，有时候最好的办法是不去想它，强迫自己只管行动起来。与其拖着不去丢垃圾或收拾脏衣服，而一直想着你有多不喜欢做这些事，不如停下手头的事情，只管去做吧！

现在，请找一个你能完成的任务。当你完成后，花一点时间关注自己的感受。当你完成任务，再也不用担心它时，你有什么感觉？

客观看待问题

有时候，提醒自己，在短期挫折中坚持下去是很重要的，这样才能实现我们的长远目标。请你列一个清单，把让你感到沮丧或因为你不喜欢做而拖延的事情写在上面。在每件事情旁边，写出这件事情的长远益处。这个长远益处可以是直接、积极的事情（例如，数学作业可以教你解决问题的技巧，你可以把它应用到日常生活和以后的工作中），也可以是提前预防消极的事情（例如，洗碗可以让自己不生病）。下面是一个例子：

事情	长远益处
读书	阅读是我在日常生活中所需要的一项重要技能。等我长大了，我需要靠阅读找到好工作，并照顾好自己。读书也可以让我学会运用想象力和发挥创造力。

10

拓展你的世界

你曾经梦想过去另一个星球或其他遥远的地方吗？这些地方和你居住的世界是否有所不同？你觉得和家乡相比，去这些有不同食物、人和动物的地方是不是很有趣？

其实，你不必去另一个星球，也不必去看科幻电影来感受其他新奇有趣的地方。在地球上就有很多地方可以满足你。我们的地球由许多相互连接的碎片组成，这些碎片代表了世界上各个大洲和国家的人民及文化。这块拼图的每一片都很重要。

环境和社会责任感

我们都有责任保护地球，互帮互助。这就是环境和社会责任感。你可以为保护野生动物，保持海洋、湖泊以及河流的干净出一份力，也可以种植树木，为保护公园和雨林贡献力量。你还可以帮助地球上因为贫困、战争或其他问题而受苦的灾民。

世界拼图的碎片彼此相连，你做的每一件小事都会影响你周围的碎片，而这些碎片会影响它们周围的碎片，最终所有的碎片都会受到影响。例如，如果你选择捡起地上的一片垃圾，你可能会挽救那些可能吃到这片垃圾而生病的动物的生命。因为这些动物得以生存，它们可以丰富所在自然栖息地的自然资源，让更多的动物茁壮成长。因此，你只是捡起了地上小小的一片垃圾，就帮助了野生动物，改善了自然环境。

环境和社会责任感教会你要有同情心。当你拓展了自己的世界，你就会把注意力从自己身上转移到他人身上。当你了解世界各地的不同文化背景时，你的世界就在扩大。当你接触了新的文化时，你在第一时间可能会想自己和这些文化背景的人没有共

世界拼图的碎片彼此相连，你做的每一件小事都会影响你周围的碎片。

同之处。但是，如果你仔细观察这些文化背景中的人们是如何思考、感受和行动的，你会发现你们之间的共同点比你想象得要多。探索其他文化会帮助你培养共情能力，让你与人友好相处。当你善待他人时，你不仅帮助了别人，而且也提升了自尊。你会对保护自然或帮助了其他国家的孩子而感到骄傲，同时也认识到了努力做事和关爱他人的价值。共情、同情心、努力、自尊心和责任感会让你更加快乐，更加健康，在社交上更自信，更能成功地实现自己的个人目标。

了解你的国家

你可以每个月选择一个地方，在老师或父母的帮助下，对这个地方的环境问题和社会问题做些研究。环境问题可以是与该地野生动物和栖息地相关的问题，社会问题可以是贫困、食品和水问题以及无家可归者的问题。请至少找到一件引发你同情或共情的事，想一想你能为此做些什么。你可以给当地的慈善机构捐一些食物，或者向野生动物保护组织捐款。你还能想到其他的做法吗？

了解世界各国

你可以每个月选择除了自己国家之外的任意一个国家（可以是你想以后去旅游的国家），在父母或老师的帮助下，利用书本或电脑做一些研究，去了解这个国家的习俗、语言、音乐、食物、生活环境和动物，以及自然环境和社会问题。你可以列出这个国家的文化和你的国家有何不同，列出至少一件你自己也有过类似经历的事情。请你找出一件让你同情或共情的事，并说说你能做些什么来帮助这个国家或人民解决困难。

对你的社区负责

在你的社区，有很多机会可以让你对环境和社会做些事情。请说出你能做的三件事，并决定什么时间去做。例如，你可以每天清理垃圾，让周围环境更加干净整洁，保护地球和动物的健康。

11

勇敢表达自己的想法

每个人都有内心的声音。每当我们要做一些自己知道不应该做的事情时，这个声音就会不停地提醒你。它会跟你说："你知道取笑别人是不对的"，或者"你知道不应该作弊"。有的时候你可能会觉得它想坏你的好事，但它其实是想帮你做出最好的选择——那些会让你感觉良好的选择。

你内心的声音很难与朋友和同学的声音相抗衡。其他人会向你施加压力，让你和他们一起去做一些你内心不认可的事情。因为想让小伙伴们喜欢你，你可能会经受不住压力而去做这些事情。当你因为担心如果不做某件事，同学和朋友就会嘲笑你时，你就向**同伴压力**屈服了。有时候，因为缺乏足够的自信为自己发声，

社交自信的孩子可以培养出良好的社交技能——他们会有礼貌地与他人进行良好的沟通。

或者你被其他人威胁，你可能会同意做某些事。在这种情况下，你正在遭受**欺凌**。

无论你是遇到欺凌还是同伴压力，你都可以通过提高**社交自信**来勇敢表达自己的想法。社交自信是相信自己有能力与同伴进行有效的互动。社交自信的孩子可以培养出良好的社交技能——他们会有礼貌地与他人进行良好的沟通。你需要通过长时间的练习才能获得社交技能和社交自信。这里有一些小技巧，可以帮助你变得自信，敢于表达自己的想法。

建立自信。欺凌者会更喜欢欺负那些他们认为不敢抗争的孩子。你越自信，你就越不可能被欺凌，或被强迫去做你不想做的事情。你可以通过练习社交技巧，参加你喜欢和擅长的活动，比如武术社团或团队运动，建立自信。自信的样子和感觉自信同样重要。挺胸抬头，不要含胸弓背或低头盯着地板，因为这都会给人留下你不自信的印象。当别人和你说话时，看着他们的眼睛，这也是自信的表现。

观察和倾听。学习如何应对社交场合的一个好方法是看别人怎么做。你能找出班上哪些孩子有社交自信吗？你是怎么辨别出来的？他们的神态和说话的方式有什么特别之处？倾听同样也很重要，原因有两个：第一，倾听别人在说什么，让他知道自己是受人喜爱的，这样可以帮助你交到朋友；第二，倾听别人说的话以及说话的方式可以让你了解在社交场合中什么是有用的，什么是无用的。

要坚定。坚定意味着你能自信地说出你的想法和感受，而不是攻击或贬低他人。例如，一个坚定的人会说："你还没有把书还给我，我很生气，因为我今天上课要用。我希望你把书还给我。"

有些人把坚定和攻击混为一谈。攻击是一种充满敌意或带有威胁性的极端沟通方式。攻击是那些欺凌者用来让别人按照他们要求做事情的手段。一个欺凌者可能会说："把书还我，要不然我就揍你。"

另一个极端是被动和顺从。被动的人不会坚持自己的想法，他们很难说出自己的想法和感受。一个被动的人可能对自己太不自信了，即使他很需要那本书，他也不会要求别人归还。坚定是一种折中，也是具有社交技巧的人常用的沟通方式。

练习沟通技巧。当你试着为自己或别人辩护时，你说话的内容和方式不同，效果也不一样。请注意，不要责备、批评、大喊大叫或威胁。相反，说话要平静而坚定。坚定的表述通常是这样的："因为________我________，但我希望你能________。"例如："因为你没有参与团队项目我很失望，但我希望你能帮忙完成这个项目。"你也可以尝试使用**双赢表述**，这意味着你要坚定地说出你的感受（这对你来说是一种胜利），并让别人相信遵守规则对他们来说也是一种胜利。例如，你玩游戏的时候抓到有人作弊，你可以说："这只是个游戏，谁赢都不重要。公平竞争会让游戏更有趣。"因为你不赞成作弊，所以你说出了自己的想法，同时——没有批评别人的意思——你试着让他明白如果他停止作弊，每个人都能赢。

不要害怕离开。你可能会遇到你并不想参加的社交场合。你不用说出自己的感受，有的时候只需要离开就好了。如果你感到不安全，或者你知道周围的孩子都是欺凌者，那就走开。如果他们跟你说话，你可以假装没听见，继续往前走。如果你担心那里有人会受伤，可以告诉大人。

保持坚定

保持坚定可以让你更自信，帮助你在需要的时候保护自己。下面的例子是一些你可能会遇到的社交情景，请写出攻击性的、被动的和坚定的处理方式。可以参考第一个例子。

情景：约翰想逃课，想让其他人和他一起逃课。你不想去。

攻击性的处理方式："你如果再问我去不去，我就揍你。"

被动的处理方式：“我真的不想逃课，但如果你要逃课，我也不会告诉老师。”

坚定的处理方式：“我不赞同你逃课，我也不会逃课。”

情景：你看见西蒙让安安趁老师转身的时候偷老师的笔。安安不想这么做，但是她不敢说“不”。你会对西蒙说什么？

攻击性的处理方式：

被动的处理方式：

坚定的处理方式：

情景：你和朋友马克想去踢足球，其他小伙伴已经开始玩了，你走过去问能不能加入他们。

攻击性的处理方式：

被动的处理方式：

坚定的处理方式：

学会表达自己的想法

你对各种社交情景准备得越充分，你对自己处理它们的能力就越自信。选择下面一个例子，和你的朋友、兄弟姐妹、父母或老师一起进行情景表演。如果可以的话，请一位成人做观众，对你的表演进行反馈。你可以试着运用本节介绍的坚定的或双赢的沟通方式。

情景：莫莉正在使用图书馆的电脑，德里克走过去，抢过鼠标，强迫莫莉离开，这样他就可以坐这个位子了。莫莉应该怎么做？

情景：萨曼莎、埃里克和其他小伙伴在玩游戏。萨曼莎看到埃里克作弊了，她应该怎么做？

找一个好榜样

观察别人如何处理那些困难的社交情景，你可以从中学到很多东西。你可以做一个小调查，从电影、电视节目、图书或戏剧中找一个坚定信念的角色，回答下面的问题：

1. 描述这个情景。这个角色最终是如何坚持自己意见的？他是被别人劝说的，还是自愿的？
2. 这个角色是在什么时候坚持自己意见的？你认为如果他早点说出来自己的看法或不表达自己的看法，事情会有所不同吗？
3. 写下这个角色说过的话。他坚定自信吗？
4. 这个角色坚持自己的意见后带来什么样的结果？结果都是好的吗？他有没有失去朋友或惹上麻烦？因为坚持自己的意见而失去朋友是一定会出现的负面结果吗？还有其他方式去看待失去朋友这件事吗？

12

原谅让你感觉更好

当有人做了一些伤害你的事，或说了一些伤害你的话，你会怎么做？你是对他做同样的事，还是保持沉默？你会对他怀恨在心吗？

有的时候，即使别人道歉了，你也很难不再生气和难过。你可能认为拒绝原谅别人是惩罚他们伤害你的一种方式，但当你心怀怨恨时，你也会有与之相关的其他情绪。如果你长时间有这些坏情绪，它们就会吞噬你的内心。你会开始胃痛、头疼，你的身体会感到紧张。你觉得你在惩罚别人，其实是在惩罚自己。事实上，那些善于原谅的人很少焦虑、抑郁或对人充满敌意，他们更有可能身体健康。

那些善于原谅的人很少焦虑、抑郁或对人充满敌意，他们更有可能身体健康。

原谅别人是你摆脱自己的坏情绪，继续生活的一种方式。有时候人们因为误解了原谅的含义，所以不想原谅别人。

你原谅别人**不意味着**：

* 别人可以伤害你。
* 你忘记发生的事情。
* 你很软弱。

你原谅别人**意味着**：

* 你明白每个人都会犯错。
* 你不想因为发生的事一直生气、难过，因为这对你的健康不利。
* 你决定让发生的事过去，这样你会感觉更好、更开心。

要让这些事情真正过去可能需要很长时间，原谅别人并不意味着你必须和他们再次成为朋友，除非你认为可以。原谅只是让你可以继续生活的一种方式，并把那些伤害你的情绪抛在脑后。

原谅自己

有时候，我们生气的不是别人，而是我们自己，比如，你对考试结果很失望，或者你因为说了一些伤害妈妈的话而难过。如果你很难原谅自己，可能是因为你对自己期望过高。你觉得期望自己在考试中永远不出错符合现实吗？你有可能永远不生气，永远不会说一些违心话吗？除非学会原谅自己的错误，否则我们最终会责怪自己。就像你对别人怀有怨恨会让你身体不舒服一样，你对自己怀有怨恨也会发生同样的事。消极想法和情绪也会伤害你的自尊。原谅自己和原谅别人一样重要。

原谅的旅程

大多数人无法简单地想着或说一句“我原谅你”，然后继续生活。对我们大多数人来说，原谅是一段旅程。如果我们每天朝着原谅走一小步，最终会到达终点。下面有一些方法可以让你摆脱怨恨。

换位思考。在第 16 章，你会看到设身处地为他人着想的更多好处。试着理解别人的想法、感受和经历可以培养自己的共情能力。你会知道经历他们的一些困难是什么感觉，从而与他们产生共情。

把原谅形象化。闭上眼睛，想象自己坐下来和让你生气的那个人说话的情景。让自己慢慢地深呼吸，平静下来。想象你准确地说出了自己的感受，也理解原谅这个人的重要意义。想象那个人的反应和你希望的完全一样。

监控你的想法和预期。你内心的声音可能总是提醒你自己有多生气，这很正常。但是当你想原谅别人时，这对你没有一点帮助。你可以这样回应："我很生气，但是我决心努力去原谅，这样我可以再次平静下来。"

内心的声音也可能听起来很沮丧："我为什么还是不能原谅别人？"你要提醒内心的声音让期望现实一点："原谅需要时间。我需要练习耐心，不断尝试。"

表达你的感受

自己进行角色扮演。这个练习需要两把椅子。两把椅子拉开一点距离，面对面。你坐在其中一把椅子上，另一把椅子是空的。想象让你生气的人坐在那把空椅子上，告诉那个人你对他所作所为的感受。

画两幅画。在第一幅画上，画出让你生气的争吵情景或惹你生气的事情；在第二幅画上，画出你原谅别人的样子。

写一封信。你不需要把这封信寄出去或给别人看。它只是你用来表达那些你希望别人理解你的想法和情绪的工具。你也可以每天写日记，记下你的感受，或每天写信。

角色扮演。你可以和你的妈妈、爸爸、兄弟姐妹、老师或学校辅导员一起，进行角色扮演原谅的情景。在第一个角色扮演中，你扮演你自己，你表达自己的情绪并试着原谅别人；在第二个角色扮演中，你扮演让你生气的那个人，说说你希望对方如何回应。

找到共同点

请想象一个你很难原谅别人的情景。换位思考一下，想想让你生气的人是什么样子。至少找到一种你们都有的情绪或想法——也许你们都不爱写数学作业，也许你们在学校都被嘲笑过，也许你们都觉得上课无聊，很难坐得住。用这个共同点帮助你对另一个人产生共情。

原谅自己

换位思考。请想象一个你很难原谅自己的情景。假装你是自己的一个朋友，从他的角度来看待这个情景。作为你的朋友，请你试着去理解是哪些想法、情绪和情况让你做出了这样的行为，这样你可以培养共情。你的朋友会如何表达共情和善意？如果你的朋友可以原谅你，你能从他的角度看问题，也原谅你自己吗？

列出自己的期望。请拿出一张纸，在中间画一条线。在左边写上“我对自己的期望”，列出你的期望。例如，“我希望自己永远不会伤害别人”，或“我希望自己在考试中能得到B+或更好的成绩”。看看你的每一个期望现实还是不现实，如果现实，请在右侧一栏打一个“√”。如果不现实，请在右侧一栏重新修改期望，使它符合现实。例如，“我会试着不伤害别人，但每个人都会犯错，所以我可能会在某些时候伤害别人”。请和你的父母、老师或辅导员讨论一下这些期望。

给自己写一封信。在信中，请你写出你为什么失望或生气，但同时也要表现出对自己的共情，解释一下为什么原谅自己很重要。

13 善待自己

请再次想象你是一名正在努力完成任务的宇航员，你的任务是让自己保持心情愉快。如果控制中心（你的大脑）一遍又一遍地向你发送负面信息，比如，“没有希望完成任务”，或“我不相信你能完成任务”，你可能会感到痛苦或伤心，还会感觉身体不适，比如恶心、身体疼痛。反过来也是一样的。如果你不吃太空餐，不做晨练和拉伸运动，你的身体也不会保持健康。当你的身体衰弱时，它会向控制中心发送信号——你可能不够强壮、健康。接着，你的想法就会更加负面。

思想和身体组成了你的整个自我。它们协同工作，相互影响。你微笑时，你的身体会向大脑发送一个你很快乐的信号。当你快乐时，你的想法会更加积极。这样你的大脑、情绪和身体才能协调一致地工作。你的想法会影响你的感受和行为，你的行为也会影响你的想法和感受。所以，要想心情好，善待自己很重要。

好好吃饭。为了保持心情愉快，最好不要吃太多的含糖或加工食品。加工食品是指那些添加了防腐剂、甜味剂或其他化学成分的食品，这些添加剂使食物尝起来更好吃，保存得更久。包装好的曲奇饼干、薄脆饼干和能在超市买到的面包就是一些常见的加工食品。加工食品和糖会以不健康的方式影响你的情绪，还会导致你的体重增加。如果你吃得太多，还会引发其他健康问题。如果可以，请尽量多吃新鲜的水果、蔬菜、瘦肉蛋白（如鸡肉和鱼肉），以及豆类食品，让你的身体保持健康、充满活力。

保证充足睡眠。对于你这个年纪的孩子，每晚保证9到11个小时的睡眠很重要。如果你没有充足的睡眠，你的大脑就难以高效工作。你很难专心学习或记住新东西。睡眠不足还会影响你的情绪，让你变得暴躁、不耐烦。你的身体会感觉累，不想动起来。每晚都在同一时间上床睡觉可以帮你养成良好的睡眠习惯。

养成良好的卫生习惯。卫生意味着清洁。保持身体清洁可以预防感冒，避免病毒感染。每天至少刷两次牙，用牙线清洁牙齿两次，一周洗几次澡，都可以让你保持身体清洁。为了防止生病，要做到勤洗手。饭前便后洗手可以预防传染性疾病。

多笑笑。你知道笑可以改善健康状况吗？开怀大笑会让一些特定的化学物质开始在你的血液里流动。当它们在身体里流动时，它们可以缓解你的压力，让你开心起来。它们甚至可以缓解身体上的疼痛。和别人一起开怀大笑，比如玩游戏、看电影、讲故事或笑话，这也是和其他人保持良好关系的好方法。

缓解压力。有很多方法可以缓解压力。你可以挑选适合自己的方法——你可以尝试不同的活动，看看哪个最有效。缓解压力的有效方法有运动、深呼吸、吹泡泡、玩游戏、和朋友一起玩拼图、听音乐、想象或冥想等。身体接触（比如接受或给予拥抱、按摩）同样可以缓解紧张。下次当你压力很大时，可以试着拥抱妈妈，或让她揉揉你的肩膀。

冥想

在家里找一个你不会被别人打扰的安静地方。盘腿坐在地板上，如果你想更舒服的话，可以坐在垫子上。双手放在膝盖上，或者手心向上把手腕放在膝盖上。闭上眼睛。当你慢慢地吸气、呼气时，注意你的呼吸。放空大脑。如果有一些想法突然出现在脑海中，比如，“我真的想睁开眼睛”，或者“我担心明天的考试”，就让它们过去，试着让自己重新把注意力放在冥想上。

身体健康让你感觉更好

我们很少关注选择带给我们的感觉。试着把所做和所想联系起来，提高自我觉察力。每天挑一件让你保持健康的事来做：你可以保证每天吃两次蔬菜（可以午餐吃一次，晚餐吃一次）；每天放学后参加运动（比如散步、跑步）；限制玩游戏和看电视的时间，用户外活动代替；给自己定一个严格的睡觉时间，保证睡眠充足。每次做完让你保持健康的事情后，你可以在日记里写下你的感受。你的精力是否更加充沛？你是否睡得更好？回看你的日记记录，看看这些新的健康行为给自己带来的积极影响。

减压方法

你可以尝试不同的减压方法，看看哪个对你最有效。下面是人们在缓解压力、放松大脑时会做的一些事情：

* 唱歌或听音乐。
* 深呼吸。
* 冥想。
* 体育锻炼，如玩滑板、踢足球或打网球。
* 读书。

你可以添加更多方法，每一个都试试。在尝试前写下你的感受。在你做完后，说说你的身体有什么感觉。你有没有觉得更放松？你的心情是不是好多了？

14 锻炼耐心

你曾经走过一片茂密的高草地吗？当你第一次走的时候，必须把脚抬得高高的，每一步都需要付出很大的努力。但是，当你第二天回去，再走一次，你可能会发现你昨天走过的路上面的草都被踩平了，走起来更容易了。如果你每天都走同样的路，草会被踩得越来越平，路会变得越来越好走。

当你练习一件事时，你的大脑也会发生这样的事情。当你第一次学乐器或学写字时，你会觉得很难，因为你的大脑从来没做过这件事。你必须在大脑里开辟一条新的道路。你弹奏的每一个音符或写的每一笔都需要你付出很大的努力。你以后练习时，你的大脑都会记起来上次你努力的痕迹，这就会让这次练习变得容易一点，直到最后你可以顺利地弹奏乐器或写字。

锻炼耐心也是如此。一开始，等待任何事情都是困难的，在商店里排队，等着晚饭做好，或者等着轮到你玩游戏，这些都需要花费你很大的精力。你练习耐心的次数越多，就越容易有耐心。

即时满足之“痒”

你的妈妈刚从超市买了你最喜欢的巧克力。一看到她从购物袋里把巧克力拿出来，你就问她可不可以吃一袋。她告诉你，如果你能等到她把所有东西都从车里拿回来，她会给你两袋。她一回到车上，你就有一股想撕开包装的冲动。这种感觉很难抗拒。它就像一种你抓不到的痒，让你发疯。你等不及妈妈把东西都拿回来了，你抓了这个“痒”，吃了一大把巧克力。你跑走了，担心妈妈发现，你就会惹上麻烦。

这种强烈的渴望或让人不舒服的“痒”，比如想现在吃巧克力而不是之后吃的冲动，就是即时满足。它是指当你看到或做某件事情时，你想立即获得回报。你没有耐心等那么长时间或为此做出很大努力——你只想现在就得到积极的结果。那些很难忍住不去抓即时满足之“痒”的人是没有耐心的。他们不想为了买一

那些很难忍住不去抓即时满足之“痒”的人是没有耐心的。

个礼物攒几个月的钱，他们想让父母现在就给他们买。他们不想花几周的时间读一本书，他们想让别人直接告诉他们书里讲了什么。

如何让自己不去抓“痒”

你如何让自己忍住不去插队，或者先吃晚餐再吃甜点呢？首先，你可以通过做别的事情来转移注意力。当你在游乐园排队时，你可以在心里默唱一首歌，或者自创一个游戏，比如数一数你看到多少人戴了帽子。其次，你可以反驳你内心的声音。当它说“我等不了了”，你告诉它：“我有点坐立不安，但是我之前遇到过这种情况，我知道自己能处理好。”看看队伍里的其他人，提醒自己有的时候每个人都需要等待。最后，你可以慢慢地深呼吸，缓解不耐烦引起的紧张感。如果你有点烦躁，或者开始跺脚，试着逐渐放慢跺脚的速度。放慢你的身体，就像放慢你的呼吸一样。问问自己：“有什么可急的呢？”

玩一个等待的游戏

当你很难保持耐心的时候，可以通过玩游戏来打发时间。如果你在一个有标志、传单和广告牌的地方，你可以从中选择一个字，组成不同的词。或者，选择一种颜色，寻找你周围所有跟这个颜色一样的事物。你也可以在脑海里编首诗或编首歌。你还能想出别的游戏来打发时间吗？

延迟满足

当你越来越不耐烦，不想忍耐时，你可能会匆匆忙忙地做完某件事，或忍不住吃了零食。千万不要！强迫自己去延迟满足（推迟自己想要得到的东西）是学会耐心的一个好方法。

等一等。每天都强迫自己等一等再去要你想要的东西，做你想做的事。例如，如果你通常在放学回家后就玩电子游戏，那就强迫自己每天等一个小时后再玩。

设立一个长期目标。如果你真的想挑战自己，那就把这个长期目标变成你需要每天努力的事情。例如，你设立的目标是一周内看一部新电影，前提条件就是你每天都要做家务。你也可以列一个计划，例如，如果你每天放学后按时完成作业，周末就可以去你最喜欢的餐馆吃一顿晚餐。你可以和你的父母一起，让他们帮助你实现这些计划。

在大脑里开辟一条道路

多次练习会在你的大脑里开辟一条道路，让你做这件事更容易。你可以列一个日常练习时间表，帮助你培养耐心。你可以挑一个让你有时候感到不耐烦的任务，比如，练习乐器、读书、拼写、做数学作业、运动，你每天做 15 分钟，坚持一周。

15

控制你能控制的

你马上要去游泳，你很兴奋，但是突然来了一场暴风雨，夹杂着电闪雷鸣，你无法去游泳了；你本来计划在周末和家人一起去游乐场，但你的哥哥生病了，所以你们不得不推迟计划；你认为某个人是你的朋友，可是她没有邀请你参加她的生日派对。你遇到过这些事情吗？这些生活中发生的事情是不受你控制的。你没办法让暴风雨停下来，也没办法让哥哥不生病或让朋友给你一张邀请函。所以，你不能控制自然的力量，也不能控制疾病或其他人说的话、做的事。但是，你可以控制你的想法、感受和行为。

你不能控制自然的力量，也不能控制疾病或其他人说的话、做的事。

相信自己能战胜挫折

你唯一能控制的就是你自己。你决定了你的想法、感受和行为。以让自己感觉舒服的方式去思考、去感受、去行动并不总是那么容易——这需要个人意识和努力。不过，如果你能付出努力，你就能够建立自信，就会越来越有能力处理困难的事情。

练习自控。很遗憾，你不能控制别人的行为。但是，通过练习自控，你能让自己有安全感，远离麻烦，心情更好。自控意味着“三思而后行”。它指的是在压力之下，你能有效地管理自己的情绪和行为。例如，想象你和小伙伴们在公园里踢球，一个孩子走过来冲你大喊，让你把球给他。接着他推了你一把，把球抢了过去。你非常生气，本能地也想推他一下，但是你忍住了。在做这个行为之前你想到了这么做的后果。如果你推了他，他可能会再推你一下。你俩最后可能会打起来，可能都会受伤或者惹上麻烦。所以，你选择走开。你通过控制自己的情绪和行为（你所能控制的），处理了这件事情。

避免指责。你无法不让同学嘲笑你，但你可以控制自己对这种行为的反应。如果你的反应是否定自己，不去上学，不想见朋友，你可能会把自己的感受归咎于嘲笑你的同学。同样地，当真正困难的事情发生时，比如有人去世，发生了车祸或火灾，你可能会本能地指责某个人或某件事。因为你想理解为什么会发生这件事，所以就会说是你朋友的错或者是你父母的错，这也是一种试图理解这件事的方式。但是指责意味着你没有对你力所能及的事情承担个人责任。其实，依靠个人力量你可以重新振作起来，不让这件事情带着你偏离目标。这并不代表你没有感到伤心或沮丧，有这些情绪很正常。这仅仅意味着你知道为了让自己感觉更好，你必须努力理解这些情绪，坚持下去。

对你的行为负责。对你的行为负责意味着要对错误承担责任。犯错误很正常。每个人都会犯错。有时候，有些话你希望自己从来没说过。有时候，即使你是好意，也许你做的某件事最后还是让别人很难过。例如，你叫哥哥和你一起去打网球，但是当你回到家，你发现妹妹很不高兴，因为你没有带她一起去。这时候你意识到自己忘记带上妹妹了，而你希望自己当时能带上她。就像责怪别人是没有用的一样，责怪你自己同样没有用。你应该向妹妹承认错误，勇敢地对你的行为承担责任。在这个例子中，你可以向妹妹道歉，或者做其他事来弥补她，例如，你可以明天带妹妹一起去打网球。

了解控制范围和责任界限

知道什么是你能控制的，什么是你控制不了的，这是一件困难的事。你需要明白两件事：第一，尽管你觉得自己要负责任，但某些问题并不是你的错；第二，你的个人力量无法解决所有问题。

想象一下，假如你的亲人生病了，你觉得都怪自己。因为之前你非常生他的气，你对他有不好的想法。你觉得他生病正是因为你那些不好的想法而接受的惩罚。但是，我们脑海里的想法并不会让坏事发生在别人或自己身上。有时候人们就是会生病、遭遇事故或其他不幸。这些事都不是你的错。

现在，想象一下你的父母要离婚了。你又一次觉得都怪自己。你认为是自己表现不好，或者没有完成应做的家务才导致父母离婚。但是，父母之间的事不是你能控制的。你可以考一个好成绩、把所有家务都做完、永远不闯祸，但是这些都不能让父母重归于好。大人说的话、做的事不在你的控制范围内，你不需要为他们的决定而自责。

当事情不受你控制时该怎么办

当有些事情不受你控制时，你可以做以下两件事：第一，与其总是担心，不如把心思放在你能控制的事情上，比如完成你定下的学习或运动目标；第二，想办法减少与此有关的无用想法或消极情绪。

例如，让我们回到你的亲人生病的那个例子中去。虽然你不会治病，但是你可以表达你的关心。你可以给他画一幅画或一张卡片，烤点饼干，送花或写一封关心他的信。你可以不断地跟自己说："他生病了，这不是我的错，我无法治好他。但是我可以通过表达善意来证明我是关心他的。"

如果你的父母离婚，处理这件事情并不容易，你需要每天练习。首先，和那些无用想法作斗争。你内心的声音可能会一直说这是你的错，所以你可以通过不断重复下面这句话来回击它："父母离婚了，我很伤心，但是我知道这不是因为我。这不是我的责任，我无法控制大人的关系。"其次，和你的父母、老师或辅导员聊一聊自己的感受。他们会安慰你，告诉你一切都会好起来的。

第 17 章会告诉你更多的技巧，帮助你学会从困境中走出来。和别人一起放声大笑、保持积极乐观的态度、锻炼、深呼吸或者发挥丰富的想象，都是帮助你从困境中走出来的好方法。

你的个人力量无法解决所有问题。

了解你的控制范围

对那些超出自己控制范围的事情，重要的是不要自责或想着自己要为此负责任。请你判断下列哪些事情在你的控制范围内，哪些事情不在你的控制范围内。

* 父母吵架。
* 你最喜欢的老师退休了。
* 家庭作业“没有完成”。
* 给同学起难听的外号。
* 爷爷去了医院。
* 搬到另一个房子或小镇去住。
* 吃了很多蛋糕，觉得胃里有点恶心。

你还能想到一些超出自己控制范围的事情吗？

不责怪别人

当别人说的话、做的事让我们生气，而我们自己又很难振作起来，这时我们往往会责怪别人。但是责怪别人或说别人坏话只会偷走我们的个人力量。从这一点来说，我们应该承诺再也不就问题责怪任何人或任何事。请把你的承诺告诉父母和老师，让他们监督你是否做到了。

为了以后不随意责怪别人，想一想你因为某件事责怪某个人的情景。你应该怎么做才能控制你的情绪反应，让你不去责怪别人呢？

勇于承认错误

勇于承认错误代表你有自信，对别人有同理心。下次你再犯错时，一定要向别人道歉或采取措施避免问题变得更加严重。你可以告诉父母、老师或辅导员自己犯了错，请他们帮你想办法解决问题。

16 换位思考

你最喜欢的演员是谁？你最喜欢他扮演的哪个角色？当演员扮演角色时，他们会站在角色的角度，设身处地考虑角色的想法。为了真正了解角色，演员会花时间研究角色的背景：他的梦想和目标是什么，他对自己和世界的想法和信念是什么，家庭或文化因素是如何影响他的。演员也会寻找自身和角色相近的东西，或者寻找他们之间的相似之处。通过这样做，演员会感觉自己更接近扮演的角色，他们会认同角色的某些部分，也会去关心角色。

在现实生活中，我们可以用同样的方法来理解他人。当了解了他人的感受、想法时，我们能更好地理解他们做事或说话的方式。我们越能理解他们，就会越关心他们，这有助于培养我们的同情心和共情能力。同情心是关心、担心其他人的不幸遭遇。当我们说我们为某个人感到难过时，我们通常是在表达对他人的同情。共情意味着你能真正理解别人的烦恼，因为你也有过类似的经历。当你具备共情能力时，你通常会有和别人相同的情绪和想法。当你意识到大家有很多共同点时，你就会对他人产生同情和共情。尽管我们彼此可能有不同的感受和想法，但生而为人，都需要与许多相同的事情作斗争。如果你能像演员一样寻找和他人的共同之处，你就会拥有共情和善意。

如果有人过了一天你的生活，站在你的位置上，他会发现关于你的哪些事？如果没有睡够，你早上会不会有起床气？你是独生子女还是有兄弟姐妹？你的兄弟姐妹是否经常欺负你？你是和爸爸妈妈一起住，还是只和一方或其他亲人住在一起？放学后是有家人在等着你，还是你经常独自一人在家？所有这些事情都会影响你对自己的认识，以及你对事情的反应。

当角色（或人们）做了反常的事情时

想象电影演员在扮演一个超级英雄的角色。大多时候，这位超级英雄十分英勇，随时会去帮助需要帮助的人。但是在电影里的某一时刻，超级英雄知道有人需要帮助，却没有赶去营救。他为什么不去营救别人呢？这位演员站在超级英雄的立场上去考虑这件事，从而明白了原因。他想："如果我是超级英雄，为什么我不去帮助那个人？最近发生的事或过去发生的事是否影响了超级英雄对这次任务的想法和感受？超级英雄对这一情景的看法是什么？”演员可能会发现，超级英雄在最近一次任务中试图营救别人，但是因为没有及时赶到而失败了。从那之后，他一直在为此而自责。他可能认为自己是个失败者，怀疑以后是否还有帮助别人的能力。因此他不再试着去营救那个需要帮助的人，因为他觉得自己做不到。了解了这些之后，演员也更能理解角色的想法和行为。

在现实生活中，我们有时候会遇到一些我们不能理解的事，或听到一些我们不能理解的话。你以前有没有被别人吼过，却不知道为什么？如果你遇到一个对你不友善的人，他让你生气，你可以试着问问自己：“如果我是他，我为什么会这么做？这个人今天是不是过得不顺？他是不是因为家里的事在烦恼？”

同样，我们有时可能会做一些不符合我们性格的事情，别人只有站在我们的立场上才会理解这些事。比如，如果你昨晚没有睡好，你的朋友在第一节课前想和你说话，你可能会不耐烦，说话怒气冲冲的。他没有做错任何事，你生气只是因为自己很累。如果你的朋友不知道你很累，他可能会生气。但是，如果你告诉他你没有睡好，他可能就会理解你，因为他之前也有休息不好的时候。

换位思考后，怎么办？

当你学会换位思考之后，你就能更好地理解别人为什么会这么想、这么说或这么做。当你知道了这些之后，你应该怎么做呢？

重构。记住，重构意味着你找到了一种看待眼下状况的有效方式。让我们假设你姐姐吼了你，你很生气。在换位思考之前，你会想："她太讨厌了，我再也不要原谅她。"后来你了解到，原来那天在学校，你姐姐被一些高年级女生捉弄了。换位思考后，你看待这件事的想法也不同了，你会想："虽然她把气撒在我身上是不对的，但是我知道自己不用往心里去，她只是因为被捉弄了而难过。"

及时沟通。有时候当我们站在别人的角度看问题后，我们会意识到，我们可能说了一些伤人的话，或者做了一些伤人的事，即使这不是自己的本意。在这种情况下，我们可以向别人道歉，比如："我想了想刚才发生的事，现在我想明白了。如果我说了让你生气的话，我向你道歉。"

有时候，别人对我们说了伤人的话，或做了伤人的事，我们也可以站在别人的角度看问题。如果我们发现自己也遇到过他们正在经历的事情，我们可能对他们产生同情心和共情。在这种情况下，你可能会告诉他，每个人都需要被理解，你能理解他现在的感受，这会让他好受一点。如果这个人仍然处于困境之中，他可能还没有准备好和你谈论这件事。另外，你要记住，解决别人的问题不是你的责任。如果你发现自己还想跟他谈谈，你最好在和他聊之前，和你的父母、老师或辅导员讨论一下。

练习换位思考

1. 请从你喜欢的一本书或一部电影里选择一个人物角色。在故事里找到这样一个场景：这个人物做了让别人不高兴的事情。站在这个人物的立场上看问题，试着去理解他的做法。他当时是怎么想的？他的感受如何？过去或现在与朋友或家人之间的一些事是否影响了他的想法？
2. 想象别人说了让你生气的话或做了让你生气的事。让自己换位思考。这个人的感受和想法是什么？与朋友、学校或家庭之间的问题对他是否有影响？
3. 想象你说了让别人生气的话或做了让别人生气的事。也让自己换位思考。你觉得对方的感受和想法是什么？你能从另一个角度看待问题吗？

请和父母、老师或辅导员讨论上面的内容。

扮演角色

请和朋友一起玩扮演角色的游戏。下面是两个场景，请决定你要扮演的角色。在开始之前，先想想你要扮演的角色。你的角色会如何对待别人？他对自己的想法是什么？他是坚韧乐观的，还是容易沮丧的?

场景1

角色1：玛莎

玛莎15岁。她没有兄弟姐妹，她的妈妈和病魔斗争了很多年。这天早上，玛莎的爸爸必须带着妈妈去医院进行治疗。

角色2：亚历克斯

亚历克斯也15岁。他的父母离婚了，他和妈妈一起住。他有个8岁的妹妹，患有严重的哮喘。妹妹有时呼吸困难，需要经常看医生。因为妹妹生病，亚历克斯必须帮妈妈做很多事。

情景：亚历克斯和玛莎在上科学课，老师让亚历克斯和玛莎一起做实验。玛莎不想做实验，她坐在桌前，几乎不和亚历克斯说一句话。亚历克斯必须一个人完成实验任务，他觉得这不公平，所以他俩吵了起来，也和老师起了争执。

讨论：请你和亚历克斯或者玛莎换位思考，你认为他/她当时的感受和想法是什么？他们的家庭状况是如何影响他们的感受和想法的？亚历克斯和玛莎有哪些共同之处可以让他们对彼此产生共情？

场景2

角色1：肖恩

肖恩13岁。他有点胖，没有多少朋友。这天早上，在学校走廊，同学给他起了一个外号。肖恩很不高兴，午餐时他独自坐在餐厅的角落里。

角色2：泰勒

泰勒14岁。她刚刚和父母搬到这座城市，也刚开始在这所学校上学。目前她只交了一个朋友，当她积极参与小伙伴们的活动时，大多数孩子都不和她说话。她知道适应一所新学校需要时间，所以她每天都告诉自己要坚持下去。她相信自己很快就会交到新朋友。

情景：泰勒看见肖恩独自坐在餐厅的角落里，看上去很失落。她走过去问肖恩怎么了，肖恩解释说他被同学嘲笑了。泰勒告诉他自己是新来的，问他要不要和自己一起吃午饭。

讨论：请你和肖恩或者泰勒换位思考，你认为他/她当时的感受和想法是什么？他们的个人和家庭状况是如何影响他们的想法和感受的？肖恩和泰勒有哪些共同之处可以让他们对彼此产生共情？

学会共情，善待他人

当我们对他人怀有同情心或与他人共情时，我们更容易善待他人。下面的两个例子向你展现了如何善待他人。请至少想两个你自己的例子，它们可以是你关心和善待他人的事情，也可以是别人善待你的事情。

例1

感受： 亚当注意到足球队的一位小伙伴很沮丧，因为他不太会发边线球。亚当以前也遇到过同样的问题，所以他知道这有多让人烦恼。

善意的行为： 在训练结束后，亚当帮助他练习发球。

例2

感受： 阿曼达的朋友格雷琴最近有点伤心，因为她的猫死了。尽管阿曼达自己没养过宠物，但她理解格雷琴的心情。

善意的行为： 阿曼达为她做了一张安慰卡片，并送了一盒她最喜欢的巧克力曲奇饼干。

心理弹性

你就像一个弹簧。当你犯了错误，或者没有做好某件事时，又或者当一些诸如你的宠物死亡或你的亲人去世这样的重大事件发生时，这些都会让你感觉心理承受到极限，自己快要崩溃了。但是请相信我，你不会崩溃的。因为人生来就会遇到各种挫折。

一次又一次地从困境中恢复过来，这种能力被称为**心理弹性**。心理弹性强的人很坚强。这意味着，即使一个人知道走出困境很难，需要付出很多努力，他也会尽自己最大的努力去处理和克服生活中的困难。

如何培养心理弹性

人们会运用不同的方法帮自己振作起来。培养心理弹性的方法不止一个。那些心理弹性强的人有很多共同的特点和办法，可以帮助他们克服困难。

第一，他们对自己和未来的想法是积极的、乐观的。乐观的态度是指他们对未来充满希望，认为事情总会变好的。有心理弹性的人会把困难视为暂时的挫折，认为自己不会永远被困难绊住。他们也不会脱离现实而盲目乐观。换句话说，他们不会乐观到无法看清现实。比如，如果一个乐观的人认为所有考试都得A很简单，他就有可能遇到挫折。一个有心理弹性的人会认为虽然他有能力考试都得A，但是他也明白想得到这个成绩，他必须付出很多努力。

第二，他们会和自己的情绪成为好朋友。他们能认识自己的情绪，以及那些引发情绪的状况和行为，他们也知道如何管理好自己的情绪。

第三，尽管心理弹性强的人独立自信，并对自己的行为负责，但他们也能认识到，当自己需要帮助时，向亲密的朋友、医生或咨询师求助有多重要。心理弹性强的人往往能够正确地看待生活。他们面对困难时并没有自暴自弃，或认为自己很倒霉或无助。他们会对困难进行重构，认为困难是生活对自己的挑战，可以教会自己一些东西，让自己变得更强大。

我们要明白，心理弹性强并不意味着你在遇到烦恼时不会感到悲伤、尴尬或紧张，它是指你知道如何用健康的方式来处理这些情绪，从而让自己感觉更好。我们可以通过学习来增强心理弹性。学习从来都不晚。

为了增强心理弹性，我们可以试着做到以下几点：

* 积极地看待自己，提高自尊。
* 对未来充满希望，积极乐观，要让自己的期望符合现实。
* 为自己犯的错误承担责任，但不必为此自责。
* 独立或在值得信任的人帮助下应对消极情绪。
* 重构那些创伤性的事件或错误，把它们看作帮助你成长的暂时性挫折。

阻碍心理弹性发展的因素

心理弹性强的人有自信。他们知道自己在某些方面比别人强。他们不会责怪自己的不足，而是积极迎接挑战，发挥自己的优势。当事情变糟时，我们的自信也会受到影响。当我们不再自信，开始责怪自己或别人时，就会破坏自己的弹性恢复计划。

在你培养心理弹性的过程中，请注意以下几点。

悲观。悲观是乐观的对立面。悲观的人对未来不抱希望。他们相信生活就是一个接着一个的错误或创伤性事件，自己不太可能从困境中成功地走出来。悲观主义者认为他们难以控制发生在自己身上的事情。这种思维方式让他们不愿意试着重新振作起来，因为他们觉得自己做的事情根本没用。

小题大做。小题大做是指当我们犯了错误或面对困难时，会自动想到最坏的结果。我们会夸大问题，觉得事情很快就会变得更糟。例如，你在一次测验中没有发挥好，然后开始担心以后的测验也会考不好，最后这门课都不及格，那你就是在小题大做。当你把问题看得过于严重时，你就很难重新振作起来。

消极的自我对话。我们都会有内心的声音。如果我们内心不断重复那些自我否定或无益的话，这就叫做消极的自我对话。你有过消极的自我对话吗？

* “我不擅长任何事。”
* “我不够聪明。”
* “我不可爱。”
* “我知道我肯定会搞砸的。”
* “所有事都是我的错。”

消极的自我对话会伤害你的自尊心，让你不再相信自己。你必须相信自己，才能具有心理弹性。

反驳消极的自我对话

安德鲁已经练了一年钢琴。在最近的一次独奏会上，他几次都忘记了音符，结果手忙脚乱，每次都得重新开始。演奏结束后，他非常尴尬，也非常紧张，担心父母会对他发火。

安德鲁回到家就跑到了自己的房间。一开始，他觉得自己不想和任何人说话。他心里有一些消极的想法，比如，“我永远都弹不好钢琴，我不知道自己为什么还要浪费时间”。但是安德鲁知道这些想法没有用，所以为了让自己不再那么消极，他说：“停下来！”接着他开始反驳：“我的钢琴弹得很好，我只是练习得还不够。”安德鲁能正确地看待自己，认识到因为他没有按老师的要求每天练习弹钢琴30分钟，所以他这次没有弹好。他走出房间去找父母，告诉他们自己很难过，父母给了他一个拥抱。安德鲁向父母承认他应该努力练习弹琴的。父母告诉他不要再为独奏会烦恼了，实际上，他们感觉他学到了更重要的东西。安德鲁也要求自己以后每天都练习弹琴。他认为如果自己坚持练习，下次会弹得更好。他很有信心。

安德鲁承认自己练习得不够，他做到了对自己的行为负责。他没有选择自责，他把这次独奏会看作是自己必须吸取的教训，这样他才能让自己重新振作起来。像安德鲁一样，如果你能停止那些消极的自我对话，制订一个改进计划，你就会很快地重新振作起来。

战胜消极想法

为了提高心理弹性，努力去改变自己的那些小题大做的、悲观的和其他的消极想法很重要。首先，你必须能识别它们。写日记是识别它们的一个方法。每当你遇到挑战时，请留意你自己的想法是什么，把它们写下来。当你发现了消极想法，可以运用第1章里的一些技巧去驳斥它们。你可以问问自己："我的想法符合现实吗？我这么想是不是因为我很生气？""我能证明这是真的吗？""这种想法有用吗？"你也可以重构这些想法。在看待这一状况时，你有没有更有效的方法？

预先准备

积极乐观很重要，但是对未来有现实的期待也很重要。无论我们如何努力，都难免犯错或失去一些东西。这是人生常态。有时候事情可能没有按计划进行，你可以提前做好准备。比如，在独奏会之前，安德鲁应该为可能出现的突发状况提前做好心理准备。他可以想象自己演奏时出错了，手忙脚乱，他应该怎么办呢？从头开始演奏，还是从出错的地方接着演奏？在独奏会结束之后，如果有人指出安德鲁的错误，他应该怎么应对？他是否应该一笑了之，说"是的，我也希望自己没有搞砸，但是下次我会做得更好"？他要不要承认自己平时应该更加努力练习的？他应该如何应对尴尬和沮丧？他回家后是自己一个人处理，还是应该和父母聊聊？

你也不希望犯错，但是预先做好犯错的准备可以让你更加自信，也能让你很快重新振作起来。

自信

发挥你的优势。找到自己确实擅长的事情能让我们更加自信，而自信是重新振作起来的关键。选择你擅长的事情——比如写作、烹饪、唱歌或运动——然后更加努力地练习。你可以制订一个计划表，每天抽时间练习。

承担新责任

承担新责任是让你负责一些重要的事情，同时能给你机会向自己证明你的能力。主动负责某件事可以让你做出一些重要的决定。这让你觉得自己被赋予了某种权利，可以增强你的自信。你可以从主动做一些知道自己能做好的事情开始。例如，你可以主动每天给家里或学校的植物浇水，或者每天喂家里的宠物狗吃晚饭。

找一个榜样

你可以找找身边的人成功克服逆境的例子。你可以向父母、老师或辅导员寻求帮助。为了克服所处的逆境，这个人都做了什么。请你想一想，为了坚持下去，他可能会有哪些积极的想法。想一想你在生活中如何能像他一样。

18

制订目标

你长大了想做什么？你是否每天都憧憬着自己的梦想？你是选择埋头苦干去实现梦想，还是坐等好事从天而降？你是否回顾自己做过的事情，看看自己取得了多少成就？

生活就像一条流动的长河，带着你顺流前进。如果你想，你可以任由水流带着你从一个地方到另一个地方。河流、岩石和鱼儿会为你选择方向，把你从河岸的一边撞向另一边。如果你任凭河流决定你的路线，你最终可能会迷失在汹涌的急流中，失去控制，或者困在与你步调不一致的涓涓细流中，感到十分无聊。

与其让生活这样对待你，不如选择拿起船桨，掌控自己的人生方向。想一想，你该如何做呢？

想象成功

如果你认为自己做不好某件事，可能就不愿意积极尝试它。**创造性想象**，有时候也叫**引导性心理意象**，是一种发挥自己的想象力在脑海中创造一幅心理图画的方法。一旦你制订了一个目标，比如说，在吉他上弹出C大调和弦。你可以闭上眼睛，做几个深呼吸，想象自己坐在凳子上，手里拿着吉他。想象你一手握着琴颈，一手拿着吉他拨片，感觉吉他背带绕着你的肩膀和后背。把手指放到正确的位置上，真正地按下去，感受指尖下琴弦的光滑。要注意你的手是什么感觉。一开始你可能会有点尴尬，多练几次，让这个动作变得更加自然。现在，在你开始弹奏之前，想象C大调和弦的声音，这就是你用吉他拨弦时会发出的声音。现在，弹一下，感受琴弦的振动，听听吉他发出的纯净的声音。你会为你所做的一切感到骄傲。接下来再弹一下。

想象可以增强自信，提升心理意识。**重复性的内心演练**——也就是在心里经常性地一遍遍想象成功——也可以让你有动力专注于自己的目标。

想象可以增强自信，提升心理意识。

制订SMART目标

SMART是首字母缩略词，每一个字母是一个单词的首字母，这些单词加起来一起描述了制订目标的几个原则。

S代表具体（specific）。你制订的目标应该具体、清晰、详细。举个例子，如果你说："我下次考试要取得好成绩。"这代表什么？你怎么定义"好成绩"？你的定义和父母、老师定义的"好成绩"一样吗？具体地说，要消除一切困惑，给自己一个更加明确的目标。你可以说："下次我的数学至少要达到B或更好，其他科目要达到A。"

M代表可衡量（measurable）。要想知道自己有没有成功，你必须能够真正衡量自己的目标。假设这是你的目标："我要在下一次足球训练中少一些沮丧。"你怎么衡量"少一些沮丧"？相反，你可以修改这个目标，比如每次在足球训练过程中，如果你感到沮丧，你可以歇一会儿，对自己说："足球训练可能很让人沮丧，但是我知道自己能处理好"，或者"我也不一定非要做到完美，从错误中学习也可以帮助自己变得更好"。这个目标就是可以衡量的。训练过后，你就可以明确自己是否实现了目标。

M也可以代表**有意义**（meaningful）和**激励**（motivational）。你的目标应该对你自己很重要，应该能激励你去实现它。换句话说，你应该制订一个自己真正在意的目标。

A代表可实现（attainable）。你的目标是可以实现的。它应该能激励你努力奋斗，而不是难以实现。A也代表**一致认可**（agreed-upon）。如果你的目标涉及他人——例如朋友、老师，或者父母——你应该让他们了解你的目标，确保他们同意参与进来。举个例子，你应该让足球教练知道你要休息一会儿来处理自己的沮丧情绪。

R代表有相关性（relevant）。这意味着你的目标是符合自己的兴趣，适合自己的年龄。目标应该个性化，适合**你自己**。R也代表**现实**。制订自己能达到的目标才能为成功做好准备。目标定得高一点没问题，但是当你对自己期望太高时，你就脱离了现实，无法实现目标。你的目标应该是你在合理的时间内利用拥有的资源所能做到的某件事。比如说，如果你一周只能去两次游泳馆，那么一周之内将百米游泳的速度提高30%的目标就是不现实的。你并没有足够的机会来练习，就很难提高速度。

同样，当你制订目标时，应该保证自己考虑到了其他的时间投入。如果你已经在忙学校、运动项目或其他活动的事情，你再设定一个目标，要求自己每天花两个小时去做一个特别项目，这可能会让你感到心力交瘁，因为你根本抽不出时间。相反，开始的时候目标可以小一点。你可以试着把目标缩小为每天在这个项目上花15分钟时间。如果你轻松地完成了这个目标，接下来你就可以考虑把目标制订得高一点。

T代表有时限（time-bound）。当你制订了一个目标，设定一个时间限制很重要。有时候设定时限很棘手。一方面，这个时限应该够短，让你觉得是个挑战。但如果时间太短，你可能会受挫。另一方面，如果时限太长又不足以激励你自己。举个例子，你可以制订一个读书目标，每天、每周、每个月或每学期读完一本书。你觉得哪个时限符合现实，又够短，可以挑战并激励你？

发现自己的进步

回顾自己的成长和进步，看看你已经取得的成就，这是你建立自信、激励自己的重要一步。你可能会认为自己没有获得任何成就，这是因为你实现长期目标需要一些时间。如果你每周都对自己的目标进行追踪，你就会发现你已经比一开始有了很大的进步。当你掌控自己的生活方向时，你就会变得更加自信。

设定一个SMART目标

请你写下这周想要完成的一个目标。和父母、老师或辅导员一起讨论，让这个目标变成一个SMART目标——具体、可衡量、可实现、有相关性且有时限。接下来，针对你如何实现这个目标，请制订出一个计划。在你设定的时限结束时，讨论一下自己是否实现了目标。如果没有，请想一想下次你可以做哪些不同的事情来实现目标。你的目标是不是不太现实？或者脑海里是不是出现了无用的想法，阻碍你实现目标？

运用创造性想象

你可以运用创造性想象帮助自己成功实现SMART目标。你可以坐在一个安静的地方，闭上眼睛，想象自己正在为了实现目标而努力做每件事情。记住要调动你的所有感官。你每天都可以运用创造性想象，直到真正成功实现目标。

记录自己的进步

你可以画一个表格，在一栏中列出你过去和现在的所有目标，在另一栏中，写出你是完成了目标，还是仍在为目标努力。每天看一眼表格，提醒自己已经取得了多少成就，以此激励自己继续努力奋斗。

19

自我调节情绪

你有没有压力过大的时候？你明天在学校有一场考试，你的弟弟不停地烦你，妈妈一直喊着让你收拾房间，你的朋友最近总是找你麻烦而你却不知道为什么。有时候，你要处理的事情看起来太多了。

当你压力过大的时候，你会怎么做？你是会去冰箱里拿点零食吃，对别人发脾气，和朋友或家人聊聊，还是出去散步或玩耍？

人们会用各种方法来应对压力。有些方法很有用，因为它们能让我们冷静下来，让我们坚信自己能处理好遇到的任何事情。

有些方法就没那么有用了，因为它们可能不会让我们从消极情绪或**冲动**反应（不加思考）中摆脱出来。

如果选择了那些处理压力的有用方法，你就会感觉更好。独立有效地管理自己的情绪被称为**自我安抚**或**自我调节**。自我调节是指你能忍受各种情绪，并控制自己的情绪反应。下面介绍一些帮助你自我调节情绪的方法。

认识情绪

我们在第5章谈了认识自己情绪的重要性。你越早认识到自己的情绪，就能越早安抚它。如果不去注意，可能直到那些情绪变得特别强烈时，我们才会发觉事情不对劲，但这时我们已经很难控制自己的情绪了。所以，即使你不知道这种情绪的确切名字，只要感觉自己心情不愉快，这就足以让你知道，是时候采取行动了。

如果选择了那些处理压力的有用方法，你就会感觉更好。

自我调节情绪的工具

好消息是，有很多方法可以应对那些突然爆发的、让人不舒服的、极端的情绪。你可以把这些方法想象成你随身携带的不同工具。当你需要时，可以从中挑出一两个来应对情绪。

工具 1：反驳消极想法。你可以挑战内心的消极声音。你内心的声音反映了你对自身和所处环境的想法。如果你不断地重复诸如“我没办法做这件事”这样的话，你更有可能感觉到压力或沮丧，这种感觉会让你相信自己没有独自应对的能力。就像学会识别自己的情绪一样，学会认清自己的想法也很重要，这样你就可以在情绪恶化或自尊心受挫之前解决它们。

一旦发现了那些消极想法，你就要学会反驳它们。重锤出击！你要和内心的声音对话，去解释为什么这些想法没有用或者毫无道理。你可以提供证据证明这些想法都是错误的，以此来坚决反对它们。例如，你可以说：“实际上，以前我经历过类似的压力，我扛过来了，所以这次我还可以扛过去。”如果需要，你可以调整自己的期望值。举个例子，你内心的声音是不是一直在告诉你，悲伤或生气是你无法接受的？你可以提醒自己，情绪——即使是消极的情绪——也是正常的，它们总是来来去去。所以当你面对挑战时，感觉沮丧没有什么不对。想要了解更多关于如何战胜内心声音的例子，你可以再去看看第 1 章。

工具 2：呼吸法和想象法。即使你正在上课，无法中途离开，你也可以让自己平静下来。你可以运用呼吸法或想象法。用鼻子深吸一口气，用腹部呼吸，这样当你吸气时，你的腹部就会向外扩张。然后再用鼻子深深地呼出一口气，让腹部收回来。每次只要你需要就可以做这个练习，直到自己感觉平静一些。你可能会发现想象一些愉快的事情也很有帮助。你可以想象一个让自己感觉良好的场景。比如说，想象你自己正在沙滩上奔跑，感受脚趾间潮湿的细沙，看着海浪涌向岸边。想象你自己走进水里，海水漫到你的脚踝。海水凉吗？你能感受到海草触碰你的脚趾或脚踝吗？

工具3：暂停一下。你可以暂停一下。有时候暂停一下是很有帮助的。有些人认为“暂停法”是一种惩罚方法，但自己主动暂停完全不是惩罚——这是一种应对压力的积极方式，可以让你缓一口气。如果可以的话，你先放下手中的事情，找一个安静的地方待5~10分钟。你甚至可以在家里安排一个特别的地方，待在那儿就会让你感觉安全、舒服。你可以把你最喜欢的枕头、毛毯或毛绒玩具拿过来，让它们陪着你。当你暂停休息时，可以慢慢地深呼吸，想一些让自己开心的事，比如在沙滩上玩自己最喜欢的游戏，或者在足球场上奔跑。如果无用想法不断出现在你的脑海里，你不用理会它们，你可以不断重复积极想法，比如：“这种状况让我很沮丧，但我知道我能处理好。”

工具4：运动。你可以做做运动。体育活动可以帮助我们从愤怒或焦虑中摆脱出来。另外，如果我们感到悲伤，运动可以改善我们的情绪和心理状态。骑自行车、散步、跳绳或者玩滑板都是很健康的运动方式，能够帮助我们清理思绪、安抚情绪。

工具5：放松法。当你非常生气时，你可以做一些放松的事情，这是帮助你恢复到舒服状态的好方法。放松的方式有很多种，听音乐、和自己的宠物一起玩、阅读都是很好的方式。但是要注意，有些放松的方法不一定有益健康。比如，有人会在压力大的时候吃东西。吃不健康的食物，或者出于错误的理由（不是因为饿而是因为压力大）吃东西，可能会让你暂时感觉好一点，但是这种感觉不会长久。

工具6：寻求帮助。你要知道什么时候应该向他人寻求帮助。有时候你无法独立解决一个棘手的问题，这很正常。有时候情绪似乎非常强烈，自我安抚不足以让我们的心情平静下来。知道什么时候向你信任的人（比如父母、老师或学校辅导员）寻求帮助，这和知道如何自我调节情绪同样重要。不要让像“聪明坚强的孩子都不用寻求帮助”这样的无用想法打击你的信心。记住，我们所有人都有需要帮助的时候，所以当你需要帮助的时候，不要害怕向他人寻求帮助。

识别情绪信号

你是如何知道自己需要调节情绪的？当你感到不安时，你的身体会有什么感觉？你的胃会疼吗？你的心跳会加速吗？你的肌肉会紧张吗？你的脸有紧绷的感觉吗？请你列出所有你能想到的情绪信号，它们能让你知道，你需要用一些方法来调节自己的情绪。把这张清单放在口袋里，用一周的时间来监控你的信号。每当你感受到其中一个信号，就把日期和时间，以及当时发生的事情记录下来。你可以把这张清单给父母、老师或辅导员看一看，和他们聊聊你是如何处理这些情况的。下面是一些例子。

信号	日期和时间	事情
胃痛	周一，上午9:30	学校突击测验
头痛	周三，中午12:00	同学偷了我的午餐

提前准备

有些状况可能比其他情况更难处理。例如，你可能很难应对变化，所以每当新学年开始，你换了老师或学校，你就会感到非常焦虑，很难调节自己的情绪。如果你提前做好准备，或许就能成功调节这些消极情绪。提前预测，或者提前发现那些可能带来消极情绪的情况，好让自己有机会去制订计划，想好应对策略。请你想象一件让你沮丧的事情，然后和父母、老师或辅导员一起为这件事做好准备。

找到调节情绪的健康方式

下面列举的都是孩子们在沮丧和宣泄情绪时的做法。有些方式是处理问题的健康方式，但有些方式对你可能并无益处。请你记下自己这周所用的方式。你还能想到可以添加到这里的其他方式吗？如果你用了一种不健康的方式去处理问题，下次可以用一种健康的方式来替换它。这周你可以尝试用新的健康方式去处理问题，并记下你当时的感受。

不健康的方式：打自己或伤害自己；吃东西；发脾气；假装什么事都没发生（试图忘掉它）；拿别人撒气（冲别人大喊大叫或取笑他们）。

健康的方式：和你的父母、老师或者你爱的人聊一聊；玩耍或运动；画画或写日记；听音乐；和宠物狗玩；试着想出解决问题的办法；冥想或进行创造性想象；做深呼吸的练习。

20

欣赏自己努力的价值

你有没有做过一件非常棒的事情，但是好像没有人注意到？也许是在学校里读了一本书，或者帮助同学弄懂了某件事，又或者是在没有人告诉你的情况下尝试吃了一种新蔬菜，但是却没有人给你一个拥抱，或者拍拍你的后背，对你说："做得好！"

有时候，当没有人认可我们所做的事情时，我们就会想，也许自己做的事情并没有那么特别。如果我们所做的事情不特别或不重要，我们可能会认为自己也不特别或不重要。我们可能会变得悲观，并且陷入**消极的自我对话**，比如，"我所做的并不重要"，或者"我永远都不够好"。

事实上，很多人都在乎你，只是他们有时候很忙，或者忘了告诉你，你的努力很重要，他们为你骄傲。你的努力不仅对别人重要，而且对你自己也很重要。因为这件事对你来说很重要，所以你才会选择努力去做，对吧？你的努力可以帮助你学习，给你机会去帮助别人。它也可以让你展示自己的创造力和其他能力。即使没人对你说“谢谢”“做得好”，即使你从来没有获过奖或者得过高分，这些都不会带走最重要的奖励——努力所带给你的成长。

学会自我奖励

为了保持积极性和心理弹性，学会自我奖励很重要。这意味着你认可并会表扬自己的努力和成就。你应该怎么做呢？

首先，你要关注当下，就是要密切关注当下正在发生的事情。你可以花点时间，静静地回顾你完成的项目，你搭建的东西，你做过的好事或者你创造的艺术品。当你下定决心要做一件事情时，看看自己能做点什么。当你能够独自或与他人合作完成一件事情时，你会发现这种感觉非常好。如果你做过一次，你肯定能再做一次，当你意识到这一点时你肯定会很兴奋。去感受这种兴奋吧！你注意到自己的努力带来了很棒的成果。最终你可能会发现，关注当下会

事实上，很多人都在乎你，只是他们有时候很忙，或者忘了告诉你，你的努力很重要，他们为你骄傲。

给你带来积极感受和对自己力量的认识，这本身就是一种奖励。

其次，用有意义的方式来奖励自己。对一个人来说是奖励的东西，对另一个人来说就不是，可谓“甲之蜜糖，乙之砒霜”。所以你需要想一想，你可以奖励自己什么。如果你喜欢读书，你可以奖励自己在空闲时间去图书馆借一本新书；如果你喜欢音乐，你可以奖励自己在放学后或睡觉前听30分钟收藏的音乐。你还喜欢怎样奖励自己？做饭？看电影？

你不一定非要把一项任务做到完美才能获得表扬，有时候仅仅尝试一项活动就已经是很大的进步。比如，你在小伙伴面前会害羞和焦虑，你通常一个人吃午餐。有一天，你决定尝试去和几个同学坐在一起吃午餐。这对你来说是很大的进步，因为你不确定他们是让你走开还是欢迎你加入他们。即使其他孩子对你所做的事情说了一些不好听的话，或者父母、老师没有支持你，你依然要相信自己努力的价值。也许你想加入同学们的聊天，却从来没有说过一句话，这也没关系，你能加入他们就已经迈出了重要的一步。你可以定下一个目标，比如，第二天午餐时你要争取加入同学们的谈话。

保持动力

当你感到沮丧时，内心的声音会说：“算了，如果没有人在乎，我为什么还要费心去努力呢？”你要试着去挑战这些消极的想法。

一种方式是证明你做的事确实有意义。你可以思考一下，为什么这件事从长远来看对你或其他人很重要。例如，为什么午餐时和几个同学坐在一起很重要？如果你从来不去尝试，你可能会继续害羞和焦虑。你可以试着重构这个状况。与其想着没有人重视你的努力，不如把你的经历看成一个练习自我奖励的机会。你要提醒自己，如果我们想在生活中保持心理弹性，坚持不懈，我们就需要学会如何表扬自己。这是一个学会如何表扬自己的宝贵机会。

自尊和责任

努力学习和承担责任对建立自尊很重要。这就是为什么即使你的努力没有得到自己想要的认可，不轻言放弃还是很重要的原因。为自己所做的事情感到骄傲意味着你能从中得到满足感。用心并努力去做事能让你感觉良好。如果对自己承担新的任务有足够的信心，你就能逐渐担负起重要的任务。它能给你机会证明自己的能力。你可以通过自愿负责某件事去做出重要的决策，这可以提高你的能力。你可能会发现，自己努力工作、尽职尽责的感觉非常好，你已经不需要从别人那里获得认可了。

开启自我奖励系统

有时候我们每天必须要做的事很无聊，父母会不停地唠叨，让我们去写作业、打扫房间或刷牙。但是，如果你能在没人催促的情况下自己去做这些事，你的自我感觉就会好一些。有时候你可能不想做一些事情，因为它们没那么有趣，而且工作量很大。请你在一张纸或黑板上画一个表格，在其中一栏列出这些事情，再把一周七天写在其他栏里。每次当你在没人要求的情况下完成了任务，你就可以在表格里画一颗星星，也可以贴一张贴纸或者做其他标记，然后奖励自己！你可以自己决定奖励的内容——可以留心体会自己做某件事时的积极感受，也可以奖励自己读一本新书或看电影。

给自己写几句鼓励的话

请给自己写一封信。在信中，你可以告诉自己，你对自己的努力有多么骄傲。时刻提醒自己对所做的事情感到骄傲，这能帮助你提升心理弹性，并能达到你的长期目标。请把这封信折好，放在口袋或背包里。每当你做了对自己或他人有帮助的事情时，就把信拿出来读一读。花点时间笑对生活吧，感受给予自己善良和支持的感觉。

留心自己的努力

有时候，我们会习惯于轻视自己的努力。我们可能会说自己所做的一些很棒的事情“没什么大不了”或“不重要”。但是，如果你帮助了自己或其他人，却不给自己表扬，这会让你有不切实际的标准和期望。请列出三件你在本周引以为豪的事情，写一写这些事情给你或其他人带来了哪些积极的影响。